她与家系列

今天如何做女儿

许晓青 李明臻 ◎ 著

上海市学习型社会建设服务指导中心 ◎ 主编

学林出版社　上海人民出版社

丛书编委会

主　　任：王伯军
副 主 任：陶文捷　彭海虹
编委会成员：王延水　夏　瑛　姚爱芳
　　　　　　贾云蔚　蔡　瑾　沈建新
　　　　　　徐志瑛　杨　东

目 录
Contents

总序 / 1

第一章 我的青春如何安放？ / 1

故事1 妈妈是一面镜子，让女儿照见自己 / 3

故事2 那些事，怎么说出口？ / 6

故事3 18岁的我，手握着人生的选择键 / 17

故事4 再见，老爸老妈 / 29

第二章 同城/异地：女儿的辛苦 / 39

故事1 同城派：同一屋檐下，你审美疲劳吗？ / 41

故事2 异地派：每一次相遇，都是久别重逢 / 55

第三章　我们是彼此事业的"加油站" / 69

故事1　"穷爸爸""富爸爸",能帮女儿找工作的就是好爸爸?　/ 71

故事2　"女承父业"并不一定是最优解　/ 86

第四章　如何与长辈一起养育下一代 / 99

故事1　离开产房,我终于长大了　/ 101

故事2　不被祝福的我们,如何赢得老人信赖　/ 114

故事3　爸爸妈妈教会我,如何当好单亲妈妈　/ 126

第五章　女儿还是全家养老的主力军吗? / 139

故事1　养父母,养公婆,养老公?都是做梦!　/ 141

故事2　假如给我3天　/ 148

故事3　不是女儿,胜似女儿　/ 155

故事4　警惕!"啃老"也有新花样　/ 160

故事5　老人有老人的活法,我低估了我的父亲　/ 166

第六章　生命的"最后十公里",女儿如何
　　　　陪伴？　/ 171

故事1　骗子的手伸向急于尽孝的女儿　/ 173

故事2　"养生"：女儿与爸妈的最囧话题　/ 178

故事3　人生最后那点事，女儿如何跟爸妈说？　/ 184

第七章　网络社交新时代，如何做个好女儿？　/ 191

故事1　爱你，从"点赞"开始　/ 193

故事2　"0.88"惹怒丈母娘？当好"夹心女儿"

　　　　才是本事！　/ 198

故事3　"那个晒丝巾的大妈，不是我妈！"　/ 204

结语　未来女儿写给未来父母的一封信　/ 209

总 序

电视剧《那年花开月正圆》，既好看又充满正能量，第七十二集的重头戏是办女子学堂。由孙俪扮演的周莹说了一段话，十分经典："让女孩子接受教育，其实比男孩子受教育更重要。一个男孩有知识有见地，那不过是他一人得利；而女孩都会成为母亲，成为一个家庭的主心骨，甚至是一个家族的支撑，那她一人的知识见地，那就是全家之福，甚至是全民族之福。"

的确，母亲对子女的影响力要比父亲大得多。我国著名儿童教育专家陈鹤琴先生认为，父母与儿童的关系，分别地讲述起来，母亲和儿童更加亲密。因此，母亲教育和儿童教育的相关度也格外高。儿童在没有出世前十个月，早已受着母亲的体质和性情脾气的影响，出世以后一两年中间，无时不在母亲的怀抱，母亲的一举一动，都可以优先地影印入儿童的脑海，成为极深刻的印象。陈鹤琴先生

强调:"母亲如果受过良好的教育,她的习惯行动自然也就良好,在日常生活中间,她的儿童就会随时随处受到一种无形的良好教育;反而言之,如果母亲的习惯行动不好,她的儿童就随时随处受到种种不良的影响。俗语说得好,'先入为主','根深蒂固',母亲教育与儿童教育的关系,也就可想而知了。"

晚清民国时期的印光大师更是强调了母教的作用:"印光常谓治国平天下之权,女人家操得一大半。良以家庭之中,主持家政者,多为女人,男人多持外务。其母若贤,子女在家中,耳濡目染,皆受其母之教导,影响所及,其益非鲜。""人之初生,资于母者独厚,故须有贤母方有贤人。而贤母必从贤女始。是以欲天下太平,必由教儿女始。而教女比教子更为要紧。以女人有相夫教子之天职,自古圣贤,均资于贤母,况碌碌庸人乎。若无贤女,则无贤妻贤母矣。既非贤妻贤母,则相者教者,皆成就其恶,皆阻止其善也。""以孟子之贤,尚须其母三迁,严加管束而成,况平庸者乎?以治国平天下之要道,在于家庭教育。而家庭教育,母任多半。以在胎禀其气,生后视其仪，受其教，故成贤善，此不现形迹而致太平之要务，惜各界伟人，多未见及。愿女界英贤，于此语各注意焉。"

印光大师专门解释了"太太"二字的含义。"世俗皆称妇人曰'太太'，须知'太太'二字之意义甚尊大。查'太太'二字之渊源，远起周代，以太姜、太任、太姒，皆是女中圣人，皆能相夫教子。太姜生泰伯、仲雍、季历三圣人。太任生文王。太姒生武王、周公。此祖孙三代女圣人，生祖孙三代数圣人，为千古最盛之治。后世称女人为'太太'者，盖以其人比三太焉。由此观之，'太太'为至尊无上之称呼。女子须有三太之德，方不负此尊称。甚愿现在女英贤，实行相夫教子之事，俾所生子女，皆成贤善，庶不负此优崇之称号焉。"

可见，母亲在子女成长中的作用极为重要。毛泽东和朱德之所以能心有百姓，胸怀宽广，与其母亲的身教言传是分不开的。毛泽东的母亲文七妹1919年在长沙去世，终年53岁，毛泽东专门写了一篇《祭母文》，追述了母亲的"盛德"："吾母高风，首推博爱。远近亲疏，一皆覆载。恺恻慈祥，感动庶汇。爱力所及，原本真诚。不

作诳言，不存欺心。""洁净之风，传遍戚里。不染一尘，身心表里。五德荦荦，乃其大端。"朱德的母亲钟氏1944年以86岁高龄辞世，朱德写下了《母亲的回忆》，发表在1944年4月5日延安出版的《解放日报》上。"母亲最大的特点是一生不曾脱离过劳动。母亲生我前一分钟还在灶上煮饭。虽到老年，仍然热爱生产。""我应该感谢母亲，她教给我与困难作斗争的经验。我在家庭中已经饱尝艰苦，这使我在三十多年的军事生活和革命生活中再没感到过困难，没被困难吓倒。母亲又给我一个强健的身体，一个勤劳的习惯，使我从来没感到过劳累。我应该感谢母亲，她教给我生产的知识和革命的意志，鼓励我走上以后的革命道路。在这条路上，我一天比一天更加认识：只有这种知识，这种意志，才是世界上最可宝贵的财产。"

习近平同志强调："中华民族自古以来就重视家庭、重视亲情。家和万事兴、天伦之乐、尊老爱幼、贤妻良母、相夫教子、勤俭持家等，都体现了中国人的这种观念。"关于"相夫教子"，印光大师说："女人家以相夫教子为天职。相，助也。助成夫德，善教儿女。令其皆为贤人善人，此女人家之职分也。"特别是"教子"，母亲的言行至关紧要，往往可以影响一个人的一生。习近平同志说过："中国古代流传下来的孟母三迁、岳母刺字、画荻教子讲的就是这样的故事。我从小就看我妈妈给我买的小人书《岳飞传》，有十几本，其中一本就是讲'岳母刺字'，精忠报国在我脑海中留下的印象很深。"

所以，母亲的责任重大，有人认为，母亲对子女成长的影响占据80%。母教不好，后果严重。我从小就听长辈讲一个故事。有一个男子因盗窃杀人被判死刑，临刑前，他要求跟母亲见一面。见面的时候，他突然对其母亲说："你将耳朵凑过来，我要跟你说句悄悄话。"那位母亲就将耳朵凑到了儿子的嘴边。谁知这位儿子一句话没说，上去死死咬住了母亲的耳朵，硬是将耳朵咬掉了半个。儿子恶狠狠地对母亲说："如果我当初小偷小摸时，你揍我、管我，我就不会一步一步走向犯罪。今天这个结果，都是你一手造成的！"这个故事的真实性无法探寻，因为长辈也是听来的。但是这个故事却告诉我们一个道理，母亲是影响孩子一生的关键。

网上曾经疯传一篇小孩子写的作文《我的妈妈》。"我的妈妈不上班，平时就喜欢打牌和看脑残的电视剧，一边看还一边骂，有时候也跟着哭。她什么事也做不好，做的饭超级难吃，家里乱七八糟的，到处不干净。""她明明什么都做不好，一天到晚光知道玩儿，还天天叫累，说都是为了我，快把她累死了。和我一起玩的同学，小青的妈妈会开车，她不会；小林的妈妈会陪着小林一起打乒乓球，她不会；小宇的妈妈会画画；瑶瑶的妈妈做的衣服可好看了。我都羡慕死了，可是她什么都不会。我觉得，我的妈妈就是个没用的中年妇女。"

这个母亲是不合格的，这个孩子的价值观也有点偏。父母是原件，孩子是复印件。所以，严重的问题是教育父母。"怎么做父亲"需要重新学习，而"怎么做母亲"更须从小培养。印光大师说过："教女一事，重于教子多多矣。""有贤女，则有贤妻贤母矣。有贤妻贤母，则其夫其子女之不贤者，盖亦鲜矣。"古代社会，男耕女织，现代社会，男女平等。男女平等的实质是权利的平等、地位的平等、机会的平等。强调男女平等，并不否定男女之间的分工，在子女教育中应突出母亲的关键作用。优秀的母教，是中国未来之希望，"她与家"这一课题更应得到关注。

王伯军

上海开放大学副校长

上海市学习型社会建设服务指导中心副主任

TA YU JIA

CHAPTER 01 第一章

我的青春如何安放？

"女儿"这个身份，从每个女性出生的那一天起，就要伴随她的一生。从牙牙学语，到第一次初潮，再到为人妻子、为人母亲，"女儿"是女性终其一生需要"角色扮演"最长久的人物之一。

作为女儿，真正开始与社会发生联系，影响周围关系，是在从幼年迈向青春期之时。女儿与家庭的关系、女儿与社会的关系，就像一面镜子，女儿从这面大镜子，照见自己。

第一章 我的青春如何安放？

故事 1
妈妈是一面镜子，让女儿照见自己

皮皮从小就被人批评——"这是一个爱说谎的孩子"。

调皮了、闯祸了，就声泪俱下，耍赖不认账；

贪玩了、偷懒了，就假装无辜，责任都推给小伙伴；

考试交卷，忍不住要看同桌两眼，赶紧"抄答案"；

熟悉皮皮的老师和同学，都知道，皮皮和她的名字一样，喜欢吹牛皮。

关键是，皮皮是个女孩。

"女孩这样真的好吗？"

这天老师在办公室门口的走廊里又在批评皮皮。

"都高中二年级了，还偷跑到街口买棉花糖，小儿

科！"班主任贺老师高声道。

"邻座的同学说，你买棉花糖的钱是'赌'来的？"贺老师还在继续。

"去，把你妈叫来学校！"

皮皮一副见多识广的样子。站在高二年级办公室的角落里，心已经飞到了九霄云外。

17岁的皮皮忽然想妈妈了！现在是早晨10点，妈妈大概还在睡梦中吧……

皮皮出生在单亲家庭，妈妈还怀着皮皮的时候，就选择了离婚。后来又再婚，最近赋闲在家，正准备要"二孩"。

"这么突然，哪里来的妹妹？就叫你'突突'吧！"皮皮说。

高三这一年，皮皮忽然变了一个人似的，她搬到了学校的宿舍，埋头苦学，试图把妈妈和"从天而降"的妹妹都抛在脑后。

一年后的夏天，当大学录取通知书寄到皮皮家时，这个昔日的"皮大王"皮皮噙着眼泪告诉妈妈,"我最不喜欢的是妹妹'突突',她给了我太多压力,她从一出生,就好像会和我争抢一样,我总是幻想着战胜她,比她更聪明、更可爱……最后发现最重要的方法是做好自己的事情,而不是和妈妈、和妹妹对着干。"

议一议

皮皮和妈妈、妹妹的关系就像一面镜子,让她照见了自己。

近年来,"二孩"现象增多,对于原来是独生子女身份的家中长女们来说,"女儿"身份被重新定义,且变得越来越具有新的可塑性。正是因为这些变化,像皮皮一样的青春期的女儿们能够更快地成长和成熟起来。

故事 2

那些事，怎么说出口？

自小成绩优异的王晶晶从落后的小镇考上了市区最好的高中文锦中学。满怀憧憬的晶晶不会想到，她迎来的除了知识，还有人生的梦魇。

和所有刚入学的新生一样，来到新环境的王晶晶对眼前的一切都充满了好奇，她迫切地希望能交到新朋友，融入快节奏的校园生活。

开学第一天，王晶晶鼓起勇气和周围同学打招呼，想和同学们聊聊学习、和他们分享她曾经生活的小镇可以钓鱼钓虾。然而，眼前的情形和想象的不尽相同，班上的同学们多是家庭条件优渥的城里孩子，大家聊手机、聊衣服、聊化妆品、聊明星。王晶晶觉得自己根本插不进去话。她落单了。

没有话题就没有友谊。没有朋友的王晶晶像一座孤岛，在文锦中学孤独地存在着。

高一下学期，班上两个男生在追逐嬉闹中打碎了王晶晶的杯子。

"哎呀！晶晶快看，你的杯子被他俩打碎了！"王晶晶的同桌小婷首先发现了状况。

"这个杯子多少钱，我赔给你吧。""肇事者"之一试探性地问道。

"300万元呢，你赔吧！"小婷快嘴，开起了玩笑。

"不用不用，不值钱的，不用赔了。"王晶晶连忙摆手。作为班里"格格不入"的人，她习惯了任何事情都要息事宁人。

然而，王晶晶的梦魇就这么降临了。

当天晚上，文锦中学的贴吧里赫然出现了一篇帖子，《高一（9）班奇葩女王晶晶自称杯子值300万元》。发帖人是打碎晶晶杯子的另一名肇事者，他在当场甚至没有跟

晶晶道歉。看到这篇帖子，王晶晶感到脑子里、耳朵边"嗡的一声"，一种百口莫辩的委屈涌上心头。

这篇"莫须有"的帖子，一发不可收拾，就好像给原先略显单调平静的校园生活打了一针兴奋剂，它像病毒一样快速传播着。第二天，全校学生都开始讨论这个价值300万元的"另类杯子"。谣言当前，王晶晶并没有完全退缩，她先是去找发帖男生对质，解释自己并没说过"杯子值300万元"。然而班上顽劣的男生们拥成一团，一口咬定道："就是你说的，我们都听到了，不是你说的，那还有谁？"

越来越多的同学在贴吧跟帖，攻击晶晶长相丑陋、衣着寒酸，还用着老人款手机。王晶晶的心头第一次感受到了窒息。她的人生只走过15年，她一直是在老师的夸赞和同学们的羡慕中成长起来的优秀女孩，自尊心极强的她如今被一个谣言帖子困扰，虽然都是莫须有的言辞，但她的应激反应就是耻辱和惊慌。

"绝对不能让同学们知道我家境不好，我必须证明自己家里还是有实力的。"为了不被同学嘲笑，王晶晶开始自我辩解,她说她经常买衣服;不想影响学习才用老人机,不是买不起。

王晶晶的舅舅是个成功的企业家,小小的虚荣心作祟,晶晶还将舅舅推了出来。

"我的舅舅是某某,是本市某行业的大人物。"

正在兴头上的学生们果然去百度了,一查确有此人!文锦中学的贴吧宛如炸开了锅,展开了巨量的讨论。

就这样,一夜之间,王晶晶从一个没有人在意的边缘女生,变成了大家讨论的焦点。她所有的言论都被校友们翻出来重新解读:小学时的牙齿正畸被说成了小学整容;她为反驳造谣她暗恋某位男生而说的"我怎么会喜欢他,我不缺男朋友",进而被传成"自曝男朋友成群结队";为抵抗嘲笑所作的辩解都成了"无缘无故地炫富"。

几次传播后,王晶晶在贴吧里成了这样的形象:高一(9)班出了一个神奇女生,自称所用茶杯300万元、自称父母年收入几亿。小学就整容,男朋友成群,却貌如凤姐,衣着老土,用老人机,真是神一样的奇葩女子,简称"神女"。

被人打碎了杯子的王晶晶,在她如花般灿烂的 15 岁,成了文锦中学学生口中的"神女"。全校公敌,人人喊打。

最早挑起事端的贴吧成了好事者们继续肆意妄为的温床。在虚拟网络的掩盖下,一群心智尚不成熟的中学生将无端的黑水泼向了同班同学。十年之后的 2018 年,在文锦中学搜索"神女",依然会得到 76 页的讨论内容;搜索晶晶,则会得到 50 页的搜索结果。

王晶晶没有勇气去看那些讨论,但在敏感又多疑的年纪,她无数次地用那部破旧的老人机偷偷在百度搜索自己的名字,放下又拿起,从一开始看到就气哭,到之后她也渐渐习惯了。

在贴吧里,各种超越尺度的内容比比皆是,高中生们似乎在繁重的课业中找到了可以发泄的出口,极尽想象力地为"神女"安排着各色的人生。

"神女在北山接客""神女当了小三"……这些大尺度的帖子通常都会引来极高的点击量,而下面的回复更是不堪入目,攻击"神女"成了文锦中学贴吧里的常态。

除了网络攻击,在学校里,王晶晶还时常被一些不认识的学姐嘲笑和攻击。一位高年级的学姐在教室门口拦住晶晶，上来就骂：

"神女不愧是神女，着实会推卸责任，也不先照照镜子看看自己的嘴脸……"这位学姐是当初"300万元杯子"发帖者的亲姐姐，因为发帖者打架被退学，她便将怒气发在了王晶晶身上。

听着这些污言秽语的王晶晶只想快点逃离。她飞快地跑了出来，学姐在后面一路猛追，将晶晶堵在了洗手间里。

王晶晶被扇了几十个耳光，更遭到了拳打脚踢。晶晶力气比学姐大，但她没有反抗。她是个懂事的孩子，知道如果有任何三长两短，自己家里"赔不起"。

这位学姐甚至将手机塞入了晶晶的裤子中，要拍晶晶。王晶晶拼死反抗，学姐没能如愿，只拍到裤子和鞋子。晚上，学姐便将自己的成果发上了网："快来看！这就是神女3000万元的鞋子！"

这是王晶晶第一次被如此严重地当众羞辱。一向懦弱的王晶晶鼓起勇气，求助了家长。很快，王爸爸赶到学校

找到了校长。王晶晶只记得爸爸回来的时候说:"她家当官的,我们没办法……""如果同学不喜欢你,你也应该找找自己的原因。"

王晶晶绝望了。5月的一天,趁家里没人,晶晶关好房门,打开了煤气瓶。她坐在房间的正中央,等待着某个时刻降临。

庆幸的是,煤气瓶中的煤气所剩不多。父母回来后闻到了房间中充斥的煤气恶臭,王妈妈哭着骂道:"为什么不好好爱惜生命啊!"

留给王妈妈的只有长长的沉默。

高二那年,晶晶被确诊为抑郁症,退学接受药物治疗。在她退学期间,"王晶晶是精神病、王晶晶自杀"的消息在学校不胫而走。大家开始在贴吧留言,"要死你赶紧死""你这种贱人早就该去死了""怎么还不死,快点!"

"看到这些消息,真的还有活下去的理由吗?"放下手机,王晶晶在心中感叹。

从高一到高三,在本应最美好的三年高中时光里,王晶晶都在跟"神女"这个外号抗争。她剪了短发、穿起束胸，把自己打扮成假小子、两次试图自杀、一次退学，依然逃不开校园暴力的攻击。即使在离开高中校园的日子里，她依然因为这段历史，几次在职场遭受攻击。

2018年，在被校园暴力侵害十年之后，已经当了母亲的王晶晶终于选择了反击。她站了出来，以诽谤罪刑事自诉的方式，将持续在网上对其进行言语攻击的校友蒋某告上了法庭。

案件引起了巨大的反响。文锦市人民法院作出一审判决，认定被告人蒋某损害他人名誉的事实，蒋某在网络上散布谣言，情节严重，其行为已经构成诽谤罪，判处拘役三个月。

"高中三年校友们的校园暴力，跟风辱骂和羞辱，我今天在他一个人身上讨回来些许，不过我的人生也不能重来了。"

拿到判决书的那天，王晶晶在朋友圈如是说。

在没有友谊的高一，王晶晶曾在QQ空间写下一篇文章，标题是《不要忘记自己是贵族》。这篇文章的灵感来源于妈妈的一番话："我们人穷志不穷，哪怕家里再困难，

只要精神上高贵，我们就是贵族。"

遭受网络攻击成为"神女"之后，无数人蜂拥至晶晶的QQ空间，复制这篇《不要忘记自己是贵族》，极尽嘲笑和讽刺。

高一的王晶晶大概不会想到，为了像贵族一样抬头生活，她付出了怎样的代价。

议一议

现如今，校园霸凌并不是个例。校园霸凌是指同学间一方单次或多次蓄意或恶意通过肢体、语言及网络等手段实施欺负、侮辱，造成另一方身体伤害、财产损失或精神损害等的事件，多发生在中小学。

霸凌者通常以长时间持续的身体和言语恶意攻击，通过对受害人身心的攻击，令受害人感到痛苦、羞耻、尴尬、恐惧，对受害人身体造成侵害。且因为受害者与霸凌者之间的权力或体形等因素不对等，受害人不敢进行有效的反抗。校园霸凌所带来的伤害往往是不可逆转的。

校园霸凌不只发生在校园内，也可能发生在校外，甚至在互联网上。随着科技进步，即时通信软件、网络论坛、BBS等交流平台也成为霸凌事件的发生场所，霸凌者通过网络以文字和多媒体形式长期、反复攻击受害人，也属于校园霸凌的一种。

在这个故事中，王晶晶本人遭受了严重的校园霸凌。这种霸凌从网络上开始，慢慢延伸到校园生活中，给晶晶本人造成了极大的身体和心理伤害。然而遗憾的是，由于王晶晶本人的怯懦心理，当时的王晶晶并没有站出来向校园霸凌说不，而是选择默默承受，这不是面对校园霸凌时应采取的正确行为。

在校园生活中，应该如何避免此类事件的发生呢？

同学们要保持积极阳光的心态，尊重别人的生活习惯和成长环境，真诚友善地对待同学，坚决不做校园霸凌的施暴者，不带头欺凌同学，不跟风排斥同学。

如果遇见校园霸凌正在发生，在保护自己的前提下，要想办法积极救助受害者。可以通过向老师、校长等学校领导反映情况，严重时可以通过报警来救助受害者。

如果自己不幸成为校园霸凌的受害者，千万不要怀疑

自己、否认自己，不要陷入消极情绪中，要积极勇敢地站出来反抗施暴者，制止校园霸凌行为。在遭遇校园霸凌时，不要强硬地和施暴者硬碰硬，避免自己受伤。要第一时间收集证据，向老师和家长反映情况，由老师和家长出面制止校园霸凌现象。如果事情的严重程度超出了老师和家长能够控制的地步，就像故事中的王晶晶一样，学会拿起法律武器，通过报警、起诉至法院等方式维护自己的合法权益。

只有共同努力，才能创造和谐的校园环境，还校园一片干净的蓝天！

故事 3

18 岁的我，手握着人生的选择键

高考出分的那个中午，蒋依依紧张地捏着手机，盯着电视上的新闻。

中午十二点钟，今年的高考成绩就将通过短信发送到她的手机上。而高考的一本录取分数线，也将在新闻上同步公开。

蒋依依给自己估了 580 分。如果预估正确，这个分数应该可以报考一个还不错的一本院校。

"叮。"十二点零一分，蒋依依的手机收到了一条短信。她的心提到了嗓子眼上。

她的手有些颤抖，输入解锁密码的时候，蒋依依连续

输错了三次。

"考生蒋依依,准考证号123456,高考成绩如下:语文119分;数学130分;英语125分;文科综合230分。总分604分。"

"哇!"蒋依依激动地尖叫起来。604分,比起自己预估的分数,还要高了24分。

家里的电话响了。蒋依依接起来,是正在上班的爸爸打来的。

"依依,高考分数线出了,文科一本线550分,你出分了吗?"爸爸关切地问。显然,爸爸也在时时关注着高考新闻。

"出分了!我604分!比预估的要高呢。"蒋依依的语气中透露着兴奋的语气。

"604分吗?哎呀考得好,考得好!"电话那头蒋依依的爸爸语气也轻快了起来。"行,那你在家看看志愿,爸爸下了班就回来了,晚上请你吃大餐!"

刚挂了电话,蒋依依的妈妈也打来了。她说今天中午会赶回来,不过还没到家。

"依依，刚才怎么手机占线啊，是你爸打的吗？"果然妈妈对爸爸无比了解。

"是爸爸打的，他问我多少分。"蒋依依不等妈妈问，就迫不及待地告诉了妈妈，"妈妈，我考了604分！"

"哇！这么高吗？比一本线高了54分呢！"看来妈妈也时刻关注着高考新闻的动态。

"嗯嗯，妈妈你什么时候回来？不是说早回来吗？我都饿了。爸爸还说晚上请我们吃大餐呢！"蒋依依撒娇。

"路上有点堵车，我再有10分钟就到了。等我回去给你做好吃的！"蒋依依的妈妈很是高兴。

对于普通工薪阶层来说，高考仍然是改变命运的最好机会。604分的成绩，让蒋依依一家似乎看到了改变命运的曙光。

晚上，蒋依依的爸爸提早下班，三人去市里吃了一顿粤菜大餐。

"来，举杯庆祝我们的女儿依依高考成功！"蒋爸爸举着酒杯，和女儿、老婆干杯。

吃过晚饭，一家人散步回家。

"报志愿可得好好报啊,不能辜负了这个成绩。"爸爸说。

"是呀,依依考这个分数真不错。我同事老张的儿子也是今年高考,说是分数下来只有380分,给他愁坏了,听了依依的成绩羡慕得不行!"妈妈略带骄傲地说道。

"强强今年不是也高考吗?我下午打电话问我哥了,说是今年压力太大了没发挥好,只考561,唉,真是可惜了。"蒋爸爸说道。强强是蒋依依的表哥,学习一直很好,是班上冲击"清北复交"的种子选手。去年高考报了北大没有录取,今年复读再考。

蒋依依对自己的成绩也很满意。虽然一向学习刻苦,但她在考试中总是差那么一点运气。三次模拟考试,蒋依依的分数都只是刚刚超过一本线几分,这对每天努力学习的她来说是个不小的打击。

蒋依依心中有一所高校,南海大学。这是南方的一所211大学,是文科类老牌强势院校。高三的时候,有考上南海大学的学长回校演讲。"我们学校靠近海边,学校里面有海滩哦。"

蒋依依深深地记住了学长所描述的大学的美好，从小生长在北方的她幻想着自己能坐在夕阳的海滩边读书，海风轻轻吹过头发，海鸥在远处飞翔。

南海大学的种子在她心中发了芽。

那天上晚自习时，她将南海大学写在笔记本的最后一页，学习累了的时候就拿出来看看。有目标的努力使人幸福。有了目标大学的蒋依依更加刻苦地学习着。

现在，拥有604分好成绩的她，想去冲击一下这所心中的女神学校。

"我想试试报考南海大学。"蒋依依边走边跟父母说。

"南海大学？是南方的那所大学吗？"蒋爸爸问道。

"对，就是那个靠近海边的大学。"蒋依依对海情有独钟。

"南海大学，离咱们家很远的吧？"蒋妈妈担忧道。

蒋依依最知道距离，她曾经在地理书上描画过从家到南海大学的路线，两千公里，沿途穿过黄河、秦岭、长江。

"我们省也有很多大学很好啊……"蒋妈妈并不想女

儿去外地。他们所在的省是教育大省，省内光是211高校就有5所。这些都是女儿不错的选择。

蒋依依爸爸的老同学在市教育局工作。一早，蒋爸爸就带着蒋依依来到了教育局。在填报志愿上，他想听听专家的想法。

电梯停在了九楼。蒋依依跟随着爸爸下了电梯，左拐右拐来到了一间办公室门口。门是开着的。

"张科长好久不见！"蒋依依的爸爸进门寒暄道。

门内的人站起来迎了上来。"哟，老蒋，欢迎欢迎！你女儿这次考这么好，真是给你省心了！"张科长向蒋依依微笑道："闺女很优秀啊！"

"哪里哪里，孩子确实考得不错，就是填报志愿还要张科长参谋参谋。"蒋爸爸说道。

"孩子有没有什么想报考的学校？"张科长打开了今年的大学招生章程，问道。

没等蒋依依回答，蒋爸爸抢先说道："我们也没经验，主要还是以本省院校为主吧。"

本省院校？蒋依依睁大了眼睛，脑子有点懵。自己昨天明明说过想报考南海大学的,怎么父亲今天就当没发生过了呢?

"咱们省有好几所重点大学,你女儿这个分数都能去冲一冲的。要是学文科的话,咱们省最好的是东安大学了。"张科长翻着招生章程,"我看看,今年东安大学在省内招收200名学生呢,专业想好要学什么了吗?"

"叔叔,我想去南海大学。"蒋依依站了起来,向前走了一步。对于父亲的言行,蒋依依不能理解,她有点激动。

"依依,东安大学排名跟南海大学相比一点也不差的,东安大学离家还近,不是更好?"蒋爸爸拉着依依,让她坐下。

"南海大学啊,那也很不错,就是离家远。你爸说得有道理,你一个女孩子,人生地不熟的,去那么远的地方上大学,父母都不放心。"张科长说。

"我看看南海大学,"张科长手中快速地翻着,"今年在咱省招10个人。他们南方大学不爱在咱们省招人,名额都很少。"张科长补充道。

10 个人 VS 200 个人。对比很明显了。听上去报招生两百个人的学校是个明智的选择。

可是就像爱情一样，蒋依依喜欢南海大学，这个梦她已经做了一年了，她不想在最后的时刻放弃。

回到家，蒋依依径直走回了自己的房间，准备把门关上。对于早上父亲的行为，蒋依依有点生气。

"依依，出来一下。咱们商量一下你的志愿问题。"蒋爸爸赶在蒋依依关门之前叫住了她。

蒋依依不情不愿地出来，坐在客厅的沙发上。"什么商量，还不是你们又想替我安排。"蒋依依心想。

"依依，爸爸妈妈的意见是，第一志愿报考东安大学……"

蒋依依打断了爸爸的话："我昨天已经说了，我想去南海大学。我看了去年的分数线，今年要是按照去年的情况，我这个分数是可以录取的。"

"你一个女孩子，一个人去几千公里以外的地方上大学，我们怎么能放心？而且你一个人去那里人生地不熟的，碰到各种问题都没人帮你。"爸爸说道。

"是呀是呀，"蒋妈妈补充，"你表姐当初不就是非要去吉林读大学，结果冬天不敢出门，大一寒假没到就闹着要回来，手脚都冻得特别厉害，根本不习惯那里的生活。"

"吉林是吉林，我要去的是南方呀！"蒋依依据理力争。

蒋依依的爸爸妈妈不让她去外地读书，不是没有道理。两人结婚晚，快四十岁时才有了蒋依依。老来得女格外宠爱。这样一个从小宠到大、从来没离开过家的女儿，突然说要远走高飞，任谁都难以接受。

蒋依依要去外地读书，也不是没有道理。从小在父母身边长大，蒋依依想去看看外面的世界，更何况南海大学是她已经憧憬了一年的大学。

"南海大学那个叔叔已经说了，只招收十个学生，这样报太危险了，万一滑档了怎么办？你看强强哥哥去年考这么好，报北大不还是滑档了。复读一年变数太大了，还是东安大学有保证。"蒋爸爸开始从另一个角度劝说。

"可是人生不就在于勇敢尝试吗？爸爸妈妈你们不是

一直都教育我要积极尝试各种可能性吗?"蒋依依知道,父母是因为不放心,才不愿意让自己去外省上大学。

"爸爸妈妈,我已经长大了,应该去自己闯一闯了,我会好好照顾自己的。南海大学是我的梦想,我想要冲刺一下,即使滑档复读一年我也心甘情愿,希望你们理解我。"蒋依依坚定地说。

蒋爸爸和蒋妈妈面面相觑。在他们的印象中,女儿还是个不懂事的小孩子,但如今蒋依依坚定地态度告诉他们,她的羽翼已经丰满。

填报志愿是在电脑上操作的。蒋依依在父母的注视下,认认真真地敲下一串学校代码,南海大学跳了出来,蒋依依点击了它。

蒋依依的父母尊重了女儿的选择。蒋依依很庆幸,自己遇到了通情达理的父母。

虽然南海大学很远,但她决定,去了大学之后好好学习,利用课余时间做家教,赚了钱一有假期就回家看望父母。

"再检查一遍。"蒋依依的爸爸说道。对于报志愿这种人生大事,父母都显得十分谨慎。

最终,填下所有信息,并仔仔细细地核对了五遍之后,蒋依依点击了"提交"按钮。

如果不出意外,七月末,她将收到南海大学的录取通知书。

那个曾经在梦中出现过无数次的海滩,蒋依依就快要到达了。

议一议

高考报志愿是人生大事。每年报志愿,都会有许多家长和孩子意见不合。许多父母认为,女孩子最好不要去外省读书,最好能在本省读个大学,离家近也方便照料。家长的这种想法不无道理。但是当女儿18岁成年之后,家长应该学会放开手,尊重女儿的意见,倾听女儿的想法。

女儿在面临高考填报志愿这样的人生重大选择时,也要充分和父母沟通,不要一味任性地为了逃离而选择远方。照顾和孝顺年纪渐长的父母,也是作为女儿的责任。

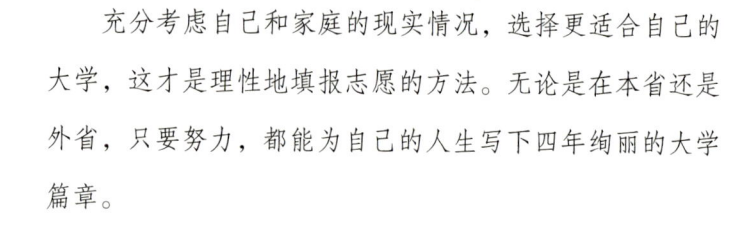

充分考虑自己和家庭的现实情况，选择更适合自己的大学，这才是理性地填报志愿的方法。无论是在本省还是外省，只要努力，都能为自己的人生写下四年绚丽的大学篇章。

故事 4

再见，老爸老妈

从家里逃脱的那一天，林悦知道，她人生的新旅程正式开始了。

林悦是从广东的家里偷偷跑出来的。她的目的地，是1648公里之外的四川。9月开学，她将在成都的一所大学里，开始四年的数字媒体专业的学习。

离开家的时候，林悦给爸爸发去了短信："爸，我去四川读书了。卫校的学费你退了吧，我从来就没有打算去读卫校。"

短信中所说的卫校，是林悦的家里人帮她精心物色的未来。

高考结束后，家人一致认为女孩子去卫校学护理稳定，以后工作有人管，家里也有关系能帮上忙。于是，背负着家族希望的林悦便在七月和父亲一起去卫校报了名，缴纳了2400元的学费。

"这个学费可以退吗？"父亲交钱的时候，在一旁一直沉默的林悦突然问道。

"学费是不退的，要么你和你爸再好好商量一下吧，毕竟是人生大事。"卫校报名的老师和颜悦色地回答。

林悦转过头看看父亲。

还没等她开口，父亲低沉的声音急切地打断了她说话的欲望。"不用商量了，已经商量好了，她就报名护理专业。"语气里透着不容置疑的威严。

林悦撇撇嘴。

不一会儿，卫校的老师将报名收据给了父亲。父女俩离开报名处，一路沉默地走回了家。

虽然迫于家里的压力到卫校报了名，但林悦早已"心有所属"。高考填报志愿时，她没有告诉家人，按照自己的兴趣，偷偷填报了四川成都的一所大学，学习数字媒体专业。

"录取通知书下个月应该就能寄到了吧。"林悦在心里默默算着日子。

对林悦来说，选择数字媒体专业并不是心血来潮。绘画就像一颗小种子，早已在她心中萌芽。

林悦性格柔中带刚，用她自己的话来说就是"像妈妈，有些倔"。早年父母离异，初中的时候，林悦便喜欢上了绘画，放假在家就在网上搜索一些教程，跟着临摹，整个假期都在和水彩、画笔打交道。高一的时候，她的画被选到学校参加展览。

林悦的房间里贴满了各种各样的绘画作品，她喜欢宫崎骏也喜欢新海诚，满脑子都是绘画构建起的世界。上学期间，外公生病住院，林悦在网上买了一幅数字油画，往上面填色。那是一幅梵高的《向日葵》。她希望外公能够健康，就像向日葵一样。

高中分科时，林悦一心选择学艺术，家里人虽然有些犹豫，但在她的坚持和高中老师三番五次的登门游说下，最终还是同意了。

然而，到了大学选专业这个节骨眼，林悦在家人那里的好运气，似乎是用完了。家人为林悦安排了卫校的护理专业，并且不顾林悦的反对，毅然决然地关上了商量的大门。

短信发出不久，手机响起了宫崎骏的动漫《龙猫》的主题曲，那是林悦特意设置成的手机铃声。她拿起手机，是父亲打来的电话。她看了一眼，没有接。

林悦知道，从家里逃出来的那一刻起，她就已经没有退路了。

铃声持续了很久才挂断。紧接着，林悦便收到了好几条短信，分别来自爸爸、妈妈和姐姐。他们是林悦最亲近的亲人。

"说好了去读卫校，怎么能这样不守信用？"

"你去那些高价大专读传媒，出来注定打工！"

"你要出去了就自己想办法，以后别指望我！"

"你已经是成年人了，想做什么是你的事情……到时候别在我面前哭！"

"钱，我是不会退了，就算是砍断父女亲情的利剑吧！"

看着这些短信，林悦苦涩地笑了。显然，逃跑的行为彻底激怒了家人。对她要去千里迢迢的四川读这个听都没听说过的专业，家人从一开始就表现出十二万分的不理解。

林悦早就知道会有这样的结果。她早已做好了准备。

为了给自己凑路费和学费，暑假的时候，她离开家来到湛江打工，可惜收获不大。

一开始，她在一个水果店剥荔枝，足足剥了一个月，赚了797元。在微信上，一位同学找她借钱，林悦把刚赚的工资都借给了同学，后来才知道这个同学被盗号了，微信里的钱也被骗光了。

从水果店出来，她又找了一家湘菜馆，每天端盘子。饭店包住不包吃，林悦每天早晨吃一根油条一个鸡蛋，中午随便吃点，晚上如果不饿就不吃。这时家里人打来电话，催促她回去报名卫校，林悦不得不提前离开。因为没有干满一个月，老板没有给她工钱。

这次出发前，林悦找朋友借了800块钱，买了一张9月1日开往成都的火车票，直奔心仪的大学而去。

12000元的学费还没有着落,看着刚才家人短信的语气,大概是指望不上他们了吧。

"实在不行就休学一年,先打工凑够了学费再读书。"林悦在心里默想。

汽笛声将思绪拉回现实。火车缓缓启动,窗外道路两旁高耸的楼房渐渐后退。

带着一个装了几件夏装和冬装的行李箱、一个背包、一把吉他,林悦匆忙地离开了生活了十多年的粤北小镇,身边没有家人陪伴,也没有人来送别。

经过了一夜颠簸,火车停在了成都站。出站的人朝着黑色铁门涌动,拖着箱子、抱着脸盆。车站外出租车、三轮车、公交车连成一排。眼前的景象,让林悦既陌生又新奇。

一夜未眠。在火车上,她犹豫了许久,还是给父亲回了电话。父亲很快按下了接听键。长久的沉默之后,她觉得电话那头有轻轻的抽泣声。

"一个女孩子,从广东到四川那么远的地方,根本照顾不到啊!"她听到父亲似乎不断地小声重复这句话。在闷热的、狭小的、人挤人的硬座车厢里，林悦感到鼻子酸酸的。

女儿已经逃出了"掌心"，长出自己的翅膀飞向外面的世界，作为爱女儿的家人们，最终也会慢慢学会放手和释然吧。

来到成都，林悦暂时和朋友合租在一起。安顿下来之后，她将自己的窘境告诉了合租的朋友，请她帮忙找找打工的地方。

"你可以试试网上众筹呀！"朋友拍了一下林悦的头说。

众筹？林悦知道这种方式。许多网站可以注册发起众筹，请网友帮忙渡过难关。尽管在林悦的印象中，众筹网站一般是针对重病患者的，但现在走投无路，她还是决定抓住这根救命稻草，"背水一战"。

9月4日，林悦在网上发起募捐。意想不到的是，两天的时间里，林悦就筹够了所有学费12891元。捐款的有老师、同学，也有一些素未谋面的人，一共有688人为其捐助了学费。

虽然筹集到了学费,但林悦在网上留言,希望将这些捐款者加为微信好友,以后工作了,能将钱还给他们。消息发出后,只有十多人加了她。

9月7日,带着600多名网友的期望,林悦成功支付了12000元学费。

从广东的小镇奔波了一千六百多公里,经历了微信诈骗、家人的不理解、逃离,林悦终于站在了梦想的路口。等到所有手续办完,她就要去大邑的学校了。

成都的天气比广东老家更热,在街上没走几步,她的鼻头上就渗出了汗珠。乌黑的学生头,穿着黑色短裙,林悦还在腰间系了一条白色穗带,整个装束就和她画的动漫人物一样。

"不管前方的路有多苦,只要走的方向是正确的,都比站在原地更幸福。"林悦笑得很甜。

对于未来的挑战,林悦已经做好了准备。

议一议

在这个故事中,林悦父母看问题的方式还是太僵化了一点，他们对大学赋予了太多的期许。女儿在异地的生活也好、未来的工作也罢，父母都不必太过担心。虽然大学是孩子的一个重要成长过程，但是品德和能力才是影响未来发展的关键。

林悦的父母设计的道路只是为了给女儿找到一个工作，他们没有考虑这条道路是否符合女儿兴趣、适合女儿发展，而且如果选择一个不喜欢的专业，也不一定能学好。长期的经验限制了大人的眼界，判断问题的方式也过于主观，在专业选择这件事情上，还是要尊重孩子的意愿。

专业选择的决定权最终还是在女儿身上，父母只能提供参考意见，毕竟女儿已经是成年人了，即使采用强硬的行为也不能改变现状。父母还是应该理解孩子的做法。

无论做什么，父母的初衷都是期盼着女儿好。作为女儿，也应该理解父母的想法，主动与父母沟通，向父母解释自己对未来的人生规划，取得父母的信任和理解。故事中的林悦自己偷偷逃跑这种做法其实并不可取。

TA YU JIA

CHAPTER 02 第二章

同城／异地：女儿的辛苦

羽翼渐丰的女儿们离开学校走向社会，她们不仅要接受工作中的重重考验，还要学会在与父母相处过程中逐渐转变角色，从被父母精心照顾的小公主，到能够与父母共同承担家庭责任，并且照顾父母。在这种角色转变中，女儿的辛苦可想而知。

　　与父母同城与否，是女儿们进入社会后面对的第一个重要问题。同城的女儿们享受了在家生活的便利，也可以时常看望照料父母，但是过多的相处会引发许多矛盾，两代人的沟通也可能并不会因为距离的缩短而变得顺畅。异地的女儿们在外独自打拼，却也因此承担着回一趟家需要的时间成本、金钱成本，和现实中无法及时照顾父母的无力感。究竟是应该与父母同城还是异地，这大概是现代社会中一道没有正确答案的选择题。

第二章　同城异地：女儿的辛苦

故事 1

同城派：同一屋檐下，你审美疲劳吗？

三十岁生日这天，丁晓英第一次没有在家里过。她约了几个朋友去酒吧，想尝试一下"叛逆"的滋味。

"妈，我今晚不回来吃饭了，晚点回家。"她给妈妈打电话报备。

"今天你过生日的，怎么不回来吃饭？妈妈还准备给你煮长寿面呢！"电话那头传来了抱怨声。

"明天再补过吧，今天有事情不回来了。"说完丁晓英挂了电话。

丁晓英是家里的独生女，单身未婚，和父母同住。

同公司的外地同事都表示极度羡慕。毕竟，和父母同

住，省去了大笔房租，还可以每天吃到可口的饭菜，生活有人悉心照顾。

只有丁晓英知道，这是"甜蜜的负担"。

虽然已经到了"三张"的年纪，这天却是丁晓英第一次来酒吧。丁晓英的父母认为酒吧是不好的地方，因此在她还未成年时就明令禁止。即使成年后，迫于每天都要回家吃饭的压力，丁晓英也从来没去过酒吧。

"晓英姐，你喝什么？"同行的同事杰希问道。"长岛冰茶好不好？"

"好呀，我喝什么都行。不过我酒量很差，不要度数太高的。"

丁晓英好奇地环顾四周。酒吧人不太多，三三两两的人一起聊天。耳边放着有些嘈杂的音乐，旁边有人在打台球。

并没有出现丁晓英想象中的乱象。

很快，酒上来了。

"来来来，祝晓英姐生日快乐！早日找到白马王子，当上人生赢家!"大家齐刷刷举起了酒杯。

"谢谢大家!借大家吉言,哈哈!"丁晓英端着长岛红茶,一个个地和朋友碰杯。

一众人喝到凌晨,方才散去。

丁晓英回到家,掏出钥匙打开门。客厅的灯亮着,母亲坐在沙发上睡着了,电视已经开始冒雪花点。

丁晓英轻轻走进屋内,关了电视。

"你回来啦?怎么回来这么晚?"身后传来了母亲的声音。

"嗯,和朋友一起坐了坐。妈你以后不用等我,先睡就行。"丁晓英准备回房间了。

"你喝酒了?大半夜的女孩子出去喝酒多不好。"母亲闻到了丁晓英带来的酒气。

"喝了一点。妈我都三十岁了,你能不要老这么管着我吗?"趁着酒气,丁晓英说出了自己的不满。

"我这怎么是管你呢,酒这种东西女孩子还是少碰为好。你们今天吃的啥?去哪里吃的?"母亲连珠炮似的

追问。

丁晓英没有回答,她走进自己的房间,关上了门。

第二天是周六。丁晓英想睡个懒觉。昨晚喝了点酒,她感到头痛。

"咚咚咚……"

"咚咚咚……"

有人在敲丁晓英的房门。

丁晓英翻了个身,不想理。

门把手转动了一下,但昨晚丁晓英锁了门,门没有开。

"晓英,晓英,起来吃早饭吧。早饭必须要吃。"妈妈的声音。

"我不吃!"丁晓英在屋内大喊了一声。

"早饭不能不吃的,你吃完了再睡也行呀!"妈妈态度也很强硬。

丁晓英知道,自己再不开门,母亲就会一直在外面敲。无奈,她翻身下了床,打开了房门。

"你看看都九点多了,睡太多不好的,别睡了,快洗洗吃早饭了。"母亲径直走进来，拉开了房间的窗帘。

刺眼的阳光照了进来。

丁晓英看了一眼桌子上的闹钟。八点十五分。

这个世界上一定有两个北京时间，一个是真正的北京时间，一个是母亲眼中的北京时间，两者通常有一个小时以上的时差。

懒觉是睡不成了，丁晓英起来洗漱，她看到自己昨天穿的裙子被母亲泡在了脸盆里。

"妈，你怎么把我的这件裙子泡在水里了？这个面料很脆弱的，不能泡的呀！"丁晓英叫着妈妈。

妈妈赶来看了一眼，"哦，你这件衣服啊，一股烟味酒味，昨晚也不知道你们喝了多少酒，以后别去那种地方了。这味道得泡一泡才能洗得干净。"

"这个面料不！能！泡！你看上面标签了吗？不可浸泡！会弄坏的呀，这裙子很贵的！"丁晓英一边说一边倒掉了脸盆里的水。

"有什么不能泡的，没关系的，都是衣服哪还有不能泡的道理。这件衣服就得泡，不然味道去不掉。你别把水

倒了，坏不了的，哪有这么金贵的衣服！"丁妈妈反驳道。

丁晓英无语。她火速用水把衣服冲洗干净，然后拿到阳台小心翼翼地搭起来。

"以后你别动我的衣服。我的衣服我自己收拾。"丁晓英对母亲说。这不是她第一次因为这种事情朝母亲发火了。

生活习惯不同都还是其次，丁晓英目前在家中最大的困扰，就是父母不停地催婚。三十岁的她至今单身，这成了父母的一块心病。

"上次去社区活动，正好那边五弄那家的阿婆也去了。她说她家儿子也还没有女朋友，三十二岁，现在在国企做财务，年薪二十万，长得也还可以……"饭桌上，妈妈又开始介绍她最近搜罗到的新情报。

"哦……"丁晓英继续吃饭。

"你去见一见吧？见一见总归没事的，万一成了呢。都三十岁了，也不要太挑剔，再大一点就更加不好找了。"

这些话丁晓英的耳朵已经听出了老茧。自从过了二十五岁，父母就开始给自己张罗各种相亲活动，近两年更是几乎每天都要给晓英"洗脑"。

"你们就这么担心我嫁不出去吗？"丁晓英说话了。

"这话怎么说的？人总是要结婚的呀，你现在拖着，年纪越拖越大，后面找起来更加困难了。不如这两年抓紧时间找，抓紧结婚生孩子。"妈妈反驳。

丁晓英很无语。显然，她和父母在婚姻这件事上有着不同的观点。

丁晓英并不是一个不婚主义者，但是在婚姻上她不愿意将就。比起车子、房子、票子的硬条件，她更看重人品、三观、性格这些软实力。她想找一个能一起从诗词歌赋谈到人生哲理的灵魂伴侣。对于结婚的时间，丁晓英比较随性。没找到对的人，她就打定主意不结婚。

"见见见……你安排吧。"被老妈轰炸了好多年，丁晓英早就放弃了抵抗。相亲了无数场，也不在乎再多这一两场了。

"那我跟五弄阿婆说。你去的时候积极一点，多说话多沟通，她家儿子我听下来条件还不错的，别又像之前那

样错过了。"妈妈戴上老花眼镜,开始在手机里翻找五弄阿婆的电话号码。

下午,丁晓英就被妈妈拖去了一家茶座。临行之前,她依照妈妈的嘱咐穿了粉色的小裙子,化了妆,卷了头发,还喷了香水。

"女孩子就得有点女孩子样子的打扮。"丁晓英的妈妈说。

丁晓英知道,这不是她喜欢的打扮风格。

两人在一个雅间处停了下来。里面已经有人了。

推开门,丁晓英看到一个阿婆和一个中年男人坐在里面。想必这就是她今天来相亲的对象。

中年男人穿着黑色套头T恤,下着大花短裤,趿着人字拖。

"你好呀张姐,久等了久等了。这是我家晓英。"丁晓英的妈妈拉着晓英落座。

"你好你好,没事的,我们也刚来。这是我儿子赵志成。志成,你和晓英认识一下。"对面阿婆道。

丁晓英和对面的男子笑了一下。她知道这个人不是她的菜。

她好想走。

"行吧，那让晓英和志成单独聊吧，我们就不在这里了。晓英妈妈，我们走吧？"对面阿婆提议。

"好的好的。晓英你和志成慢慢聊。"

见面不到五分钟，两位老人风风火火地走了。

"好尴尬……"丁晓英看着对面的男子，心中叫苦。

"你好，"对面首先开口了，"我叫赵志成，32岁，国企上班，有房有车。谈得好的话希望今年就结婚，明年生孩子。"赵志成顿了顿说，"你也说说你的条件吧，大家都是来相亲的，就直接一点。"

丁晓英算是"相亲沙场"上的老兵。这种情况她见过几次。正如赵志成所说，大家都是来相亲的，直接一点，互相摆出条件比较一下，不要耽误对方时间。

可是丁晓英最讨厌这种条件的对比。

"你好，我叫丁晓英，刚过了三十岁生日。我在一家外企上班。"丁晓英照着男人刚才的模板复述。

"三十岁啊?那年纪是有点大了,现在小姑娘二十五岁以后的都很愁嫁,更何况你长得……也很一般。"赵志成眯着眼睛说道。

丁晓英想把桌上的热茶泼到他脸上。

"不好意思我刚没听错的话,你是三十二岁吧?不知道有什么资格说我年纪大?"丁晓英不能忍这种言论。这位地中海发型的男士,居然嫌弃自己的长相?

"男人跟女人怎么能一样。男人三十五岁都没事,女人过了三十岁就马上贬值了……"赵志成开始了他的高谈阔论。

丁晓英翻了个白眼,不再说话。

"像你这种条件的,最好赶紧找个人嫁掉。超过三十四岁,生小孩是畸形胎儿的概率是成倍上升的。我见过太多的女生,都是挑三拣四,嫌弃这个嫌弃那个的,最后还不是年纪大了找个人火速结婚?还是早点醒悟好啊。"赵志成并不打算停。

"你觉得你自己有资格说这些吗?你家是富可敌国、有皇位要继承吗?"丁晓英冷冷地说。

两人互相看不顺眼，不欢而散。

丁晓英回到了家。

"这么快就回来了？聊得怎么样？"一进门，父母就问了起来。

"不怎么样，这男的是个直男癌。"丁晓英把高跟鞋脱掉。

"你多了解了解啊，不要这么快就否定人家。他跟你年纪相当，条件也合适，这种男人现在可不好找了，小姑娘都要扑上去的哦。"妈妈说道。

"那让别的小姑娘去扑吧，我不感兴趣。"丁晓英从冰箱里拿出一杯水，一饮而尽。

丁晓英的话又一次破灭了妈妈的希望，她开始抱怨。

"你看看你表妹，比你年纪小，国庆节就要结婚了，找了一个本地人，摆酒要摆二十桌；你青青姐姐，比你大一岁，人家二胎都有了，过了年就生了；跟你一起长大的月月，上个月刚生了女儿；邻居的儿子谈了个二十三岁的女朋友，下个月要结婚了……你说说同龄人里面还剩几个和你一样单身的啊,你怎么就不急呢?我每天都发愁死了,人家亲戚邻居问起来,我都觉得没有面子,抬不起头来……"

丁晓英心里也很委屈。站在三十岁的门槛,她何尝不希望有美满的婚姻,但是爱情还没有到来,她不想将就难道有错吗?

"爸妈,你能不能别催我了,我真的现在被你们催得压力很大好吗?总不能随便找个人结婚吧!那到时候还要离婚你们就高兴了吗!"丁晓英摔门回了房间。

夜已经很深了,丁晓英还睡不着。

她有点后悔自己还跟父母住在一起。

从小到大,她从来没有离开父母身边。虽然生活极度便利,但她感到自己像笼中的金丝雀,失去了自由。

直到现在,父母还严格控制着她出门和回家的时间,晚上11点之前必须回家,不然就会接到母亲的"夺命连环Call"。她不去参加各种社交活动,也没有什么社交圈。同事朋友们都知道丁晓英每次都要早回家,便渐渐地不再邀请她。

她早上不能不吃早饭、袜子不能随便乱扔、挂出去的衣服晾干了必须马上收进来、天冷了就要立即穿上保暖裤不能穿裙子、在家不能总玩手机不然对眼睛不好、不能吃垃圾食品因为不健康……显然，三十岁的丁晓英在母亲眼中，还是个三岁的孩子。

要不搬出去住吧？丁晓英翻身坐起来，拿起手机搜索租房信息。妈妈催婚太紧，丁晓英想有个喘息的空间。

月租3000元、3200元、3500元……

"好贵啊……"翻着中介网站的挂出的租房信息，丁晓英感慨。自己家附近的房子，最便宜的月租也要3000元。3000元，是她半个月的工资。

丁晓英丢下手机，用被子蒙着头。她无力承担搬出去之后成倍增加的生活开销。

大概只有结婚才能搬出去了吧？可是什么时候才能结婚呢？

也许明天就会遇到对的人了吧？希望各路神仙保佑。

夜更深了，丁晓英渐渐睡着。

议一议

当女儿与父母共同生活在一个家庭中时，既有着剪不断的家人亲情，也上演着相爱相杀、矛盾激化。

与父母同住的女儿能获得更优裕的物质供给，父母也从与女儿同住中获得了一种安全感。但两辈人由于生活背景不同、观念不同，生活在一起，难免会遇到有矛盾的地方，这就需要两代人互相理解。

父母要学会放手，不要过度干涉女儿的生活。做女儿的也应当及时跟父母沟通，了解父母的想法，并且适时地引导父母关注自身，丰富老年生活。女儿要理解父母的关心，不要顶撞父母，有矛盾之处与父母好好沟通。

在婚姻选择上，许多女儿们都会面临被父母催婚的窘境，但应该正确认识到，父母催婚更多地是希望女儿能够幸福，女儿要理解父母的一片苦心，不要怨恨父母。在和父母共同相处的时候，女儿可以与父母敞开心扉地聊天，让父母知道女儿的想法，如果催婚太严重，也可以通过找亲戚朋友劝说等方式，缓解父母对女儿婚姻的焦虑。

故事 2

异地派：每一次相遇，都是久别重逢

第二章　同城异地：女儿的辛苦

2018年的母亲节，还没等陈琪给母亲打去祝福电话，她就先接到了父亲打来的电话。

陈琪正在上班。

她看了一眼不远处办公室里的经理，拿着电话悄悄溜进了洗手间。公司上周刚出了新规定，上班时间不允许玩手机。陈琪不想"踩雷"。

"喂，爸，医院怎么说？"躲进洗手间的陈琪按下了接听键，紧张地小声问道。

"琪琪，你工作那边……要是不忙的话……最近回来一趟吧……医生说你妈……可能……可能是胃癌……"爸

爸在那头断断续续地说着，声音越来越小。

胃癌？！陈琪听到了这两个字。她突然感到世界开始旋转，伴随着一种眩晕和呕吐感。

两周之前，在日常通话中，陈琪的妈妈说自己最近胃有点不舒服。一向孝顺的陈琪立马在网上帮妈妈预约了老家最好的医院的医生，让爸爸带着妈妈去检查。

原本陈琪坚持要自己带妈妈去医院，但是母亲连说不用。"没大碍的，这都是老毛病了。你工作忙，不用特地回来了。你爸陪我去就行。"

从陈琪工作的A市到老家B市，一共是一千多公里的距离。坐火车要一晚上，坐高铁要六小时。

"我明天就请假回去。爸你也别太着急，咱们听医生的好好治疗，没事的，我妈会好的，会好的。"虽然很想放声大哭，但陈琪还是忍住了。她轻声地安慰了父亲。

挂掉电话，陈琪感到腿上像是灌了铅似的有千斤重。她放下了马桶盖，坐在了上面。

18岁那年，一向成绩优异的陈琪发挥出色，考上了

A市的重点大学，这在陈琪的老家——一个三线小城市B市里是一个大新闻。父母觉得脸上有光，在市中心的宾馆摆了二十几桌宴席，庆祝独生女儿金榜题名。

大学毕业，陈琪在A市找到了还不错的工作，后来遇到了丈夫结婚生子，就顺理成章地留在了A市。

然而此刻，她更希望自己就生活在那个遥远的、有爸爸妈妈的小城市。

整理好情绪，陈琪站了起来。她看了一眼手机，10点32分。距离她从办公室出来，已经过了20分钟。

她恍恍惚惚地回到了工位上。登陆OA系统，打开"请假"界面。

公司每年有五天带薪年假，陈琪还余下两天。其他的天数已经在往日回家探亲、女儿过两岁生日的时候用掉了。

陈琪快速填写了休假申请，敲开了经理办公室的大门。

"请进。"门里传来了声音。

陈琪应声进门。

"黎经理，那个我家里有点急事，从明天开始请两天

假可以吗?"

"又请假?后天那个提案会议是你主导的吧,亚太区的高层都会来参加的。"黎经理的眼睛并没有离开电脑屏幕,一边敲击键盘一边说道。

该死!陈琪回家心切,一时之间忘了还有项目提案会。这个项目陈琪是主要负责人。作为一个完美主义者,陈琪已经连续加班两周了。

可是母亲的病情不能耽误,她实在不能拖到后天再走了。

陈琪犹豫了一下,鼓起勇气说道:"不好意思,我家里真的有急事……我今天会把所有会议资料都准备好,到时候请张静帮我讲一下可以吗……她全程参与了项目,对内容也是很了解的……"

黎经理停下了敲击键盘的手,抬起头。

她看了看陈琪,有些不可置信。

"你一定要请假吗?"黎经理问道。

"嗯,我妈身体可能有点问题……"只说了几个字,陈琪的声音有些颤抖。

长久的无言。

黎经理打破了沉默。"算了,那我来主讲提案会议吧。你今天把资料都准备好给我。"

"还有,去跟人事报备一下。"

"以后要请假早点提。"

离开经理办公室,她听到后面黎经理不满的声音。

她轻轻地合上了办公室的门,门没有发出一丝响声。

第二天,坐最早一班的高铁,中午陈琪就回到了她生活了十八年的城市。她曾在这里,度过了美好的童年和少年时光。

往常,父亲都会开车来接站口,但这次,陪伴母亲是父亲目前更重要的任务。

陈琪走出火车站,在不远处的公交站牌处,一辆公交车即将进站。陈琪飞奔过去,在司机关门的前一秒踏上了台阶。

路上车不多,公交很快到了家门口。

走进熟悉的楼道,上楼。陈琪停在了家门口,轻轻地敲了敲门。离家多年,她早已没有家里的钥匙了。

门很快开了。

"回来啦。"父亲打开门,一边说一边接下了陈琪的包。

家是一间不算大的老房子。两室一厅。陈琪还记得一家人是在她小学的时候搬进来的,这一住就是二十多年。

母亲正在厨房盛饭。"琪琪回来啦,路上累了吧,快洗手吃饭。"

大家默契地不提那个令人恐惧的字眼,仿佛什么事情都没有发生过。

"下午我们一起去一趟医院吧。找另外的大夫看看,也许是误诊,现在的医院,好多不靠谱的!"陈琪先说。只有两天假期,她必须最大限度地利用时间。

"对啊对啊,说不定是误诊!现在的医院很多这种案例,我前段时间看电视还看到了!"父亲马上附和道。

母亲笑了笑,点点头,拿起碗继续吃饭。

一家人都没有再说话。

没有提前预订,陈琪在医院门口高价买了黄牛的专家号。3000元,这是她小半个月的工资。

等待叫号的地方人山人海。座位早就被抢占一空。接待台处，一位中年人正在高声跟护士争吵。因为去上洗手间，他们错过了自己的号码，需要重新等待，然而两三个小时的等待时间令所有人的情绪都在暴躁的边缘。

好在专家号的等待时间并不算长。大约20分钟后，陈琪和父母走进了专家诊室。

"哪里不舒服？"医生接过陈琪递过去的病历本，在上面写着。

"胃不舒服，上次做了检查……医生你给看看片子吧，会不会是搞错了啊……"陈琪一边说一边开始掏片子，塑料袋哗啦啦地响着。

医生接过片子看了看，又仔细地翻看了病历本。

"嗯，这个情况来说是不会错的。准备住院吧。早点治疗机会也大一点。"

"大夫，这个病要花多少钱啊？"这是进了医院之后陈琪妈妈问的第一句话。

医生显然见惯了这样的问题。"每个人情况不同，要看具体情况。先住院，全面会诊后确定治疗方案。拿这个

单子缴费。今天刚出院两个,估计还有床位,后面连床位都没了。"

陈琪接过医生开出的住院单。"好的好的,那我们今天就住院。我去缴费。谢谢医生。"

火速回家收拾了简单的行李之后,妈妈住院了。晚上,陈琪让爸爸先回家休息,自己在医院陪床。

夜幕降临,住院部依然人来人往。和妈妈同病房的病友是一位老人家,似乎是睡不着,每翻一次身,她的床便吱吱呀呀地响着。

陪护的家属没有床位,只能坐在椅子上,累了趴一会儿。妈妈三番五次地让陈琪回家睡觉,但她并没有听。

过了十二点,医院终于恢复了安静。当晚天空晴朗,月明星稀。陈琪走到窗前,看着窗外。她只向公司请了两天假。也就是说,后天,她就应该出现在一千公里以外那栋光鲜亮丽的大楼里了。可是,作为独生女的她,又怎么能错过陪伴母亲的机会?

陈琪看着躺在床上的母亲。累了一整天,母亲已经睡着了。

她想起小的时候自己性格像男孩子，不服输，总想着要闯出一片天，填报大学志愿的时候毅然决然地选择了一线城市 A 市。去上大学的那一天，她感到自己像出了笼子的鸟儿，呼吸着自由的空气。"你要飞走啦。"陈琪记得爸爸在车站送别时说的话。

而现在，她宁愿自己不是当初那只飞出笼子的鸟。

陈琪给丈夫打了个电话。

"嘟……嘟……嘟……喂？"响了好几声之后，丈夫接了电话。听声音应该是睡着了。

"是我。宝宝睡了吗？"陈琪想确认女儿的状况。

"哄了半天一直要妈妈，这会儿刚睡了。"电话那头说道。

"哦……"才过了一天，陈琪已经有点想念女儿了。

"你妈怎么样？"丈夫问道。

"医生说是胃癌，今天住院了，要会诊。我在医院陪着我妈。"

陈琪突然提高了声音："你说我要不把我妈接到 A 市去吧？我们照顾起来也方便，A 市医疗条件也好……"

"接到这边的话好像就不能用医保了吧？医保系统不兼容的……"丈夫说道。

癌症的后续治疗是笔不小的花费，如果没有医保，对于陈琪他们的家庭来说无力承担。

"那要不然我辞职？"她开始天马行空。

"你辞职的话我们经济压力就更大了……"电话那头说道。两年前，她和丈夫刚刚凑足首付买了房子，现在每月需要还两万元的房贷。再加上养育女儿的费用、母亲治疗的费用。辞职单靠丈夫一个人的薪水，恐怕无力承担。

陈琪沉默了。

"那你说我怎么办啊……我不能眼睁睁地看着我妈生病不管啊……我得照顾她啊……我怎么办啊……怎么办啊……"陈琪拿着电话，从沉默到渐渐爆发，终于抑制不住地哭了。

电话那头也沉默了。显然，这个问题，对丈夫来说也是无解。

命运扼住了喉咙，除了流下无力的眼泪，似乎什么也做不了。

一夜无眠，陈琪坐在窗前，看着窗外由暗夜变成黎明。

父亲一早就来了，他说要换陈琪的班，让陈琪赶紧回去睡一觉。

陈琪并没有走。只请了两天假，下午，她就又要坐火车回 A 市了。她想多陪母亲一会儿。

母亲这一觉睡得很沉，早上八点多才醒来。陈琪已经出去买好了早餐。

"妈，你醒啦。洗一下准备吃早餐吧。"似乎还在家里似的，大家都当作什么事也没有发生。只是隔壁床病人不时的咳嗽声，提醒着陈琪一家人他们现在在医院。

吃过早餐，陈琪看了一眼手机。九点钟。距离她的火车，还有七小时。

"爸妈，我下午得先回一趟 A 市，这次回来只请了两天假，明天得去公司说明下情况，看看怎么申请后面的假期。"陈琪跟父母解释着。

"没事的琪琪，你妈这边我撑得住的。"父亲说。

"是呀，你要是上班忙就先去吧，妈的身体我自己知道，也不在这一时半会儿的。你还得回去照顾跳跳呢。"母亲记挂着外孙女。

"会诊跟医生约的是下周一，下周一我回来，到时候带跳跳一起回来，她上回还说想外婆外公了呢。"陈琪想把女儿带回来。母亲看到跳跳一定会很开心。

"嗯，好。就是这次跳跳回来不能给她做饭了，跳跳最喜欢吃我做的红烧肉。"母亲说道。

下午三点，陈琪必须得走了。她看着病房里的母亲，母亲向她摆手，"走吧，路上小心，注意安全！"这是每次出门母亲都会说的话。

父亲把陈琪送到了医院门口。

"爸，这两天要辛苦你了。我下周一就回来了。"陈琪说道。

"没事没事，你不用担心。有爸在呢。"爸爸拍了拍陈琪的后背。

"爸,我感觉很对不起你们……妈都生病了我也不能在身边照顾……"爸爸刚才的话让陈琪更难受了。

父亲只是轻轻地拍着陈琪的后背,就像小时候每次哄陈琪睡觉那样。"没事,没事。"父亲重复地说着。

坐在火车上,陈琪疯狂地羡慕那些出站的归来者。他们刚刚到达这座城市,还和这座城市有足够的交集。"回家"这个词,听上去就已经足够美好。

明天,她要去面对公司的经理和人事。他们会批准她的假期吗?陈琪不知道;这样的双城记,未来要怎么照顾母亲呢?陈琪不确定。

火车缓缓开动,但陈琪知道,无论如何,她下周一定会回来的;她知道,母亲在等她。

议一议

"赚得了自己的人生,却失去了父母。"

这样的痛苦越来越多地折磨着许多新城市人。如何在异地尽孝,成为女儿面临的难题。故事中的陈琪,是

千千万万个这样的女儿的缩影。这是我国计划生育政策以及快速的城市化进程所必须要面临的阵痛，而且随着老龄化的加剧，这个问题会越来越突出，尤其是对于独生子女数量庞大的"80后""90后"一代，异地尽孝问题将会尤其突出。

在与父母异地生活时，女儿要尽可能地考虑父母的需要，创造条件更好地孝顺父母。例如，放假时经常回家探望父母、定期将父母接过来小住、父母生病的时候请假陪护、使用每年的探亲假带父母去旅行等，创造与父母在一起相处的机会，珍惜陪伴父母的时光。

要彻底实现女儿与父母共同生活或者就近生活，一是让女儿到父母身边，这就要实现区域经济的平衡发展，当大部分年轻人能够在家门口找到合适的工作时，就不需要往大城市跑。女儿也应该合理按照家庭情况，选择工作的地点。二是让父母到子女身边，这就需要医保、社保等社会保障的全国一体化，如在陈琪的例子中，如果医保能够全国互通，那么她把妈妈接到身边看病也可以实现贴身照顾。

TA YU JIA

CHAPTER 03 第三章

我们是彼此事业的「加油站」

"拼爹"，这个词在现代职场中并不少见。随着大学的进一步扩招，大学生的就业形势变得异常严峻。在激烈的竞争背景下，不少女儿通过家里的关系找到了自己的第一份工作。许多人甚至认为，现代社会本来就是一个"拼爹"的时代，人人"拼爹"，这件事情便无可厚非。

真的是这样吗？在这一章的故事中，我们并不倡导这样的价值观。在事业上，父母和女儿并不只是父母一味帮助女儿的关系，相反的，两代人也可以互相支持、互相鼓励、互相成就。有时候，依靠家庭的关系不如自己闯一闯，也许会发现意外的风景。

故事 1

"穷爸爸""富爸爸",能帮女儿找工作的就是好爸爸?

大四一开学,外贸大学的校园里就拉起了各种校园宣讲会的横幅。每年,许多世界五百强大公司都会在九月启动校园招聘,宣讲会便是了解这些信息的第一步。

郭爽和室友白露一起,挨个走过这些横幅,拿笔记下了宣讲会的时间。对于明年就要毕业的她们来说,能在校园里就收获一份好的工作 offer,将会是人生重要的起步。

"周三晚上,我有课哎……你先去帮我占个座吧,我去教室签个到就溜出来。"白露指着宝联的宣讲会横幅说道。

宝联是全球知名的快消品牌，被誉为"快消界的黄埔军校"。能在宝联工作，对任何一位应届毕业生来说都是踏入职场的极好开端。

比起光明的未来，翘一节课并不算什么。

"小星月？这是那个洗衣液吗？如果去这家工作是不是以后都不用买洗衣液了？哈哈哈。"

"诺威这个一定要去！据说这家薪水开得超高！"

"纵横教育？这是当老师吗？我们去里面当老师吧！"

郭爽和白露一路叽叽喳喳地向寝室走去。她们期待着许许多多的可能性。

周三，宝联的宣讲会晚上七点开始，郭爽六点半就来到了大礼堂，然而，形势还是超出了她的预计。

能坐五百多人的大礼堂，只剩下零星的几个后排位置。郭爽找了半天，终于找到两个连座的空位。

"我在倒数第三排这里，你签了到就快点来吧。超多人！我怕你来晚了就挤不进了！"郭爽艰难地坐下之后，赶紧给白露发了微信通报情况。

"What？好的好的，我火速赶来了！"白露发了一个"奔跑"的表情。

她还是跑得有点慢。

六点五十五分，距离宣讲会还有五分钟的时候，白露到了。

果然挤不进去了。

大礼堂乌泱泱地坐满了人，后排的空地上也站满了没有座位的同学。大礼堂宛如一趟载满了人的硬座车厢。

"不好意思，借过借过……"

"麻烦让一下，谢谢谢谢……"

穿过了一层层人墙，白露终于找到了郭爽，顺利会师。

"你可算来了！你不知道这座位我把守得多么艰难，刚才好几个人都要进来坐了。"郭爽说道。

"谢谢女侠，结束了请你吃夜宵！"白露做了个抱拳的手势。

这是郭爽和白露第一次参加宣讲会。尽管她们已经大四了，但是对于找工作仍然是一头雾水。两人都是学中文的，她们不知道，在现在的就业形势下，中文系的学生究竟应该对口怎样的工作。

七点钟，宣讲会正式开始。

大礼堂响起了一段欢快的音乐。一群身着印有宝联LOGO T恤衫的少男少女跳上了舞台，随着欢快的音乐跳起了一段热情洋溢的舞蹈。

舞毕，主持人登台："大家好，欢迎来到宝联的宣讲会现场。刚才为大家表演舞蹈的，正是去年和你们一样坐在台下的应届生们，他们今年刚刚成为宝联的新人。大家想跟他们一样加入我们的大家庭吗？"

"想！"许多人回应着。

郭爽以为宣讲会应该是严肃沉闷的，但没想到一上来气氛就如此活泼。

"外企氛围好好哦！"郭爽捂着嘴跟白露感叹。

宝联的人事总监也来参加了宣讲会。每年的校园招聘对于这些大企业来说，不仅是招聘到优秀新员工的良好途径，也是提升知名度的好方法。各家企业都非常重视。

"今年，我们依然会推出管理培训生计划。入职之后，宝联将对新来的你们进行全方位的培训，让你们在宝联的大家庭中找到自己真正喜欢的岗位。"人事总监说道，"预计我们今年将会有 30 位管培新生加入我们，当然如果有许多优秀的同学，我们也会考虑增加名额。"

"哇……"台下的学生哗然。

郭爽看了看周围，乌压压的礼堂里至少有六百个人。

"我们等下会有人力资源部门的同事当场收简历，带了简历的同学今天不要错过机会哦。"主持人说道。

"当场收简历?!"郭爽和白露同时尖叫起来。

她们并不知道挑战从这里就已经开始了。来参加宣讲会的两人没有带简历。

"怎么办，怎么办，没带简历啊……"白露略带哭腔地摇着郭爽的胳膊。

"我也没带……要不然我们等下出去打印下吧，反正隔壁就是打印店。开学的时候老师不是让我们每人都做了简历的吗?"郭爽提议。

"好的好的,我们快结束了就去打印吧。"白露十分同意郭爽的提议。

眼看着宣讲会已经到了问答环节,郭爽和白露互相看了一眼,点点头站起身来。穿过层层人海,她们艰难地蠕动到了礼堂后面的出口,那里也站着不少没有座位的同学,伸长脖子认真听着里面的问答。

两人火速来到隔壁的打印店。店里一共有五台电脑可以自主打印,其中四台已经有人使用,郭爽看到他们正在改简历。"还有人比我们来得更早啊……"郭爽心想。

"赶紧来赶紧来,还有一台空位。"白露快步走到空着的电脑面前,一屁股坐了下来。

两人分别打开邮箱,下载了自己的简历。却怎么也犹豫着不肯点打印。

"感觉我们的简历好寒酸哦……"郭爽小声对白露说。两人的简历都是一张 A4 纸,上面简单列出了教育背景等基本信息。刚才偷瞄了一眼旁边人的简历,大家都制作精美、排版精良。

"是呀……但是也没办法了,早知道要现场交简历,昨天就应该好好在宿舍改简历!"白露悔不当初。

"唉,算了,我们先打印投了再说。后面好像还可以网申的。"郭爽检查了一遍两人的简历,按下了打印键。

拿着打印好的简历,两人快速回到礼堂。宣讲会已经结束,大家排成了五条长队,正在等待交简历。

五条队伍从礼堂最前面的入口排到了最后面的出口,绕着礼堂小半圈。

"哇塞这么多人!堪比香飘飘奶茶绕地球一圈了!"郭爽和白露都是第一次在现场交简历,她们被眼前的景象惊呆了。

两人站在了队尾,看着自己的简历,是一张没有印满的 A4 纸。两人没有说话,默默排队。

郭爽出身农村,父亲在村上开了个小卖部,母亲在家干农活。她从小成绩优异,是村里第一个考上大学的大学生。大一走进外贸大学中文系的时候,郭爽相信,知识就是力量,祖祖辈辈面朝黄土背朝天的命运,将从她这里改写。

队伍缓慢地向前挪动。终于排进了礼堂的门，郭爽看到礼堂的舞台上摆放了一张大桌子，五位宝联的人事坐在桌后，桌面的简历已经堆成了半米高。

同学们依次上前递简历，做简单的自我介绍。每个人不超过两分钟。郭爽看到，有些简历被人事收进了桌子里，有些则放在了桌面的简历堆里。

"哇塞，看上去好可怕哦。"白露在边上说道。

"是啊……"郭爽附和。她在心里默默地串着自我介绍的说辞。

四十多分钟后，郭爽和白露终于排到了队伍的前方，下一个就是他们了。而他们的身后，依然站着许许多多拿着简历渴望机会的同学。

"下一位。"郭爽赶忙上前。

她面对的是一位穿着职业装的女人事，大概三十多岁，干练的短发别在耳后。女人事似乎有些累了，郭爽看到她闭着嘴巴打了个哈欠。

郭爽双手递上简历。

女人事盯着简历，开始拿手上的笔画着什么。

"简单介绍下自己吧。"女人事说。

"老师好,我叫郭爽,今年 22 岁,是外贸大学中文系的大四学生。我参加过系里的学生会,在其中担任学术部干事……"郭爽有些紧张,开始背着刚才想好的说辞。

"你参加过什么实习吗?想报什么岗位?"女人事打断了她。

"实习?我做过家教算吗……"大学期间,郭爽在一家教育机构兼职赚钱,教小朋友数学。

"嗯。"女人事继续在郭爽的简历上写着。"你想报什么岗位?"她接着问。

"我想做管理培训生,从事市场方向的。我写作能力比较强,是校报的主笔……"

"行,好的知道了。谢谢你来参加宝联的宣讲会。我们会在今天晚上十二点之前通知进入下一轮面试的人员,请保持电话畅通。"女人事将郭爽的简历翻了过来,露出职业微笑对郭爽下达了"逐客令"。

"好的,谢谢!"郭爽走下舞台,从出口挤了出去。她回头瞟了一眼,自己的简历被女人事放进了桌面的那堆小

山里。

郭爽站在出口处等白露。

几分钟后，白露也出来了。

两人对视了一下，露出苦笑。

"完蛋了！"白露说。"我那个HR根本没有听我说什么，估计进不了下一轮了。"

"我也一样……"

"算了，我们去吃夜宵吧。吃完了好好改简历。我的妈呀，就业形势太吓人了吧！"白露提议。

两人挽着手走出了主校园。

当天晚上，白露和郭爽抱着手机等到十二点。

谁的手机都没有响。

秋招开始了三个月，郭爽依然两手空空。自从经历过第一次宝联的"滑铁卢"之后，郭爽知道，即使上了外贸大学也并不是就业的保障。她重新制作了简历，去"天真蓝"照了求职照。照片上的郭爽穿着职业的西装，露出八颗牙齿，显现出与她的年龄不相称的成熟。

同学中已经有人找到了工作。班长拿到了某报社的记者工作、学生会的部长拿到了快消品牌的管培生、隔壁宿舍的婷婷靠家里的关系进了某个国企……看着班级微信群里辅导员每天的动态更新，郭爽感到有些着急了。

"今年毕业生人数创历史新高，找工作难度加倍！"郭爽早上浏览新闻时，手机上出现了这样的信息。她感到心累。找工作时不断地遭遇拒绝和无视，郭爽的自尊心和自信心都在风中飘荡。

"爽子！我上岸了！"白露冲进寝室，张开双臂给了郭爽一个熊抱！

"上岸？你怎么啦？"郭爽回抱着白露，不知所以。

"我找到工作了！你猜是哪个？宝联的管培！"白露尖叫到快要掀翻整个屋顶。

宝联的管培生？郭爽有些糊涂了，她清楚地记得自己和白露一起去递交的简历，然后都没闯进面试轮。

"你说的是我们去参加宣讲会的那个吗？"郭爽问道。

"对呀对呀，今天我刚刚接到他们人事的电话，通知我已经被录取了，下学期开始培训。"白露的声音中透着

激动。

"真的吗？可是我们那天不是没等到电话吗……"郭爽更加疑惑了。

"是的呀。不过这件事情跟你说了也没事，你可一定要替我保密啊。"白露和郭爽同寝室四年，无话不谈。

"嗯嗯，你说，我肯定保密。"郭爽同意了。

白露凑上前，神秘兮兮地说道："这几个月不是一直没找到工作吗？我也有点着急，上个月跟我爸打电话的时候就跟他说了，也说了宝联的事情。结果我爸正好认识宝联中国区的总裁，就给总裁打了个电话。后来，我就接到通知说让我去面试，今天正式告诉我通过了！"白露越说越激动，原地跳了好几下。

"这样啊，恭喜恭喜！"郭爽嘴上说着恭喜，不知怎么的，内心有种说不出的感觉。

白露是本地人，父亲在政府工作，母亲是中学校长，家境优渥。她有这样的待遇，郭爽并不是特别意外。

"总算是尘埃落定了，找工作真是麻烦死了！"白露说道。"爽子你也要抓紧啊，实在不行看看家里有什么关系能帮上忙的,这年头大家都这样!"白露帮郭爽出着主意。

家里的关系?郭爽想到了家乡的小村庄,想到了自己家的玉米地和村上的小卖部。她想不出这些能帮她找到什么工作。

晚上,郭爽给家里打了个电话。

"喂,爸。家里还好吧。"郭爽问道。

"都好都好,爽爽,我看电视上说现在大学生毕业都要找工作了,你也开始找工作了吧?"爸爸关切地问道。

"还在找呢,现在大学生太多了,工作不好找。"郭爽回答。

"是吧……我明天去找找你二叔,他是村上的党委书记,门道多,让他帮你操个心。"爸爸说道。

村上的党委书记能帮忙找到宝联的管培工作吗?郭爽有些心酸。

"没事没事,反正离毕业还有半年多呢,我自己再找找,肯定能找到的,你们放心好了。"郭爽说道。她一向是个孝顺的孩子,不想让父母多操心。

挂了电话，郭爽打开电脑，继续投递简历。

从村里考出来的那一刻，她就相信知识能够改变命运。尽管没有殷实的家境，但郭爽相信通过自己的努力会得到自己想要的一切。

"叮铃铃……"手机响了。郭爽接了起来。

"你好，请问是郭爽同学吗？我是恒盛集团的HR。"恒盛集团是郭爽前几天刚刚参加面试的公司。

"我们很高兴地通知你，经过研究决定，你被录取成为恒盛集团的一员……"

果然，此岸拼搏，彼岸花开。

议一议

近几年来，随着大学不断扩招，应届毕业生的数量也在快速增长，几乎每年都创历史新高，毕业生找工作的难度逐年增大。父母通过自己的资源和渠道帮助女儿获取工作机会的现象屡见不鲜。可以说，找工作"拼爹"并不是个例。

对于这种现象应该理性看待。一方面，父母帮助女儿谋求更好的职业，对女儿来说也是找工作的一条新途径，能够更多地获得展示自己的机会和空间；但另一方面，除了包办就业之外，有些父母甚至还亲自出马替孩子应聘，甚至应聘的单位和条件都要亲自"把关"。这样的父母，就有点过分干涉了。

工作是一个人一辈子的事，个人的兴趣和意愿应该放在第一位，父母应多尊重子女的兴趣爱好，从旁引导，不要因为过度保护而越俎代庖。

对于那些刚刚踏上社会的应届毕业生以及工作经历不长的年轻求职者，找到一份理想的工作固然重要，但更重要的是要培养适应社会的能力。所谓"授之以鱼，不如授之以渔"，一味地依靠父母不肯断奶，终究不利于自己的成长。何不给自己一个独自面对风雨的机会，积极面对找工作路上的各种挑战，用自己的实力为自己赢得发展空间，比起"拼爹"要来得更加坦荡荡。

故事 2

"女承父业"并不一定是最优解

8:00　起床。

9:30　上班。

10:30　例会。

15:00　见客户。

17:30　健身。

19:00　与客户吃饭。

23:00　看朋友圈和新闻。

00:00　睡觉。

这是叶丽给自己制定的生活作息表。她将这张表打印出来,贴在家里的冰箱上,自从创业以来一直坚持着。

这已经不是叶丽第一次创业了。在此之前，她创立了一家财富管理公司。多次创业，屡战屡胜。现在，她将目光转向了女性市场，信心满满地推出了专注于帮助女性创业的社群品牌 Girls Day。

很少有人知道，叶丽其实是个不折不扣的"富二代"。她成长在一个非常殷实的大家庭里。父亲 1982 年来深圳做建筑业，一家人见证了深圳从小渔村发展成大都市。现如今，三十年前的小建筑公司，已经发展成了气势恢宏的国际度假村。

叶丽是家里的独生女，早在她上大学的时候，父亲就有意培养她当接班人。大学时期，叶丽被家人送到了香港一所著名的大学攻读金融，后来又读了工商管理的硕士。毕业后，父亲一个电话把女儿召回深圳，安排她进入家里的度假村熟悉业务。

刚工作了一个月，叶丽敲开了父亲办公室的大门。

"爸，我有事情找你。"叶丽进了办公室，关上大门。

叶丽的父亲正在看公司的月报。现在正值暑期旺季，度假村生意不错，客流量和利润率都比往期增长了不少。

"叶丽，不是说了在公司你要叫我叶总吗？"叶丽父亲给女儿立规矩。

"好的好的，叶总，我有事跟您商量。"叶丽吐了吐舌头说道，"那个，我能不能不做了？"

"不做什么？"叶丽父亲问道。

"就不想在度假村上班了，我想自己闯闯看。"叶丽眼睛亮了一下。

叶丽的父亲有些吃惊。自己的度假村是深圳数一数二的龙头企业，每年成千上万的应届毕业生如孔雀开屏般展示自我，就是为了能在度假村谋求一份工作。而叶丽这个刚刚出校园没几个月的小丫头，居然说不干了？

"为什么？"叶丽父亲想知道原因。

"我觉得度假村的机制已经很成熟了，每个人就是大机器上的螺丝钉，只要做好自己分内的事情就行。我想尝试一点不一样的东西。"叶丽说道。

叶丽的父亲耸耸肩。女儿随他，性格倔强，喜欢挑战，不服输，有几分假小子的性格。但是自己出去做事要遇到多少困难，父亲觉得叶丽并没有想好。

"那你准备干什么呢?"他问道。

叶丽没想到父亲并没有拒绝,反而来询问她的计划。"我想和朋友创业。大学时候你和老妈给我的零花钱,我拿了一部分出来炒股,赚到了第一桶金。我想用这些钱作为启动资金,从零开始试试看。"叶丽认真地说。

叶丽的爸爸有些不理解,叶丽放着家里上亿的产业不继承,准备去做白手起家的创业者?

"你真想好了吗?"他看着叶丽的眼睛。女儿不像是在开玩笑。

"对的,我想好了。"叶丽很坚定。

叶丽的父亲在生意场上多年。成功的经验告诉他,放手让女儿去做喜欢的事情最重要。

"好的,那我给你一年的时间,你去创业。如果一年的时间里你不能赚到一百万,那就趁早别做了,继续回来跟我打理度假村。"叶丽父亲说道。

"一言为定!"叶丽笑着说。

从度假村辞职出来的第二周,叶丽和朋友的财富管理

公司开业了。他们将目光瞄准高端人群，为高端人士定制理财服务。

叶丽在香港学的是金融。从大学起，她就将父母给的零花钱整理起来进行理财投资，五六年的时间已经赚了两百多万。本科期间，她用这笔钱在广州买了套房子，她认为那里的升值空间大很多倍。果不其然，短短两年时间，广州的房价已经飙升数倍，叶丽的房子升值两倍。

然而让叶丽没想到的是，她辞掉家里度假村开起来的财富管理公司已经开业一周，还没有一单生意，没有一位客户。她着急了。

"琳琳，我们得想办法找客户。不然就只能'等死'了。"叶丽坐在空荡荡的办公司，对合伙人说。

去哪里找目标人群呢？叶丽想到了自己在香港时期的同学，有很多位都是家里产业雄厚的公子哥。就从他们开始突破吧！

说干就干。叶丽打开微信的同学群。

"嗨，子轩，最近忙吗？"莫子轩是广东一家富商的儿子，他的家族经营着闻名全国的家具品牌。

"叶丽？好久不见！"莫子轩很快回复。

"是呀！最近有空吗？请你吃饭！"叶丽发了一个做鬼脸的表情。

周末，叶丽和琳琳一早从深圳来到了香港，她们要见的，是第一位潜在客户莫子轩。

饭局约在了香港一家著名的日料店。叶丽记得莫子轩喜欢吃日料。要寻找客户，就要投其所好。

"好久不见！"叶丽看到莫子轩进来，远远地朝他挥手。

"不好意思久等了，路上堵车。听说你最近已经自己当老板啦？厉害厉害。"莫子轩落座。

"哪有，还要看莫老板买不买账。"叶丽打趣道。

"你的赚钱功力我是佩服的，本科时候就自己赚钱在广州买房子，现在那房子价格不得了了。"莫子轩对叶丽的赚钱能力并不怀疑。

听到这话，叶丽顿时有了信心。她将自己公司的理财计划介绍给莫子轩。

"至少每年百分之二十的利息。"叶丽承诺。

"成交！"两人碰杯。

叶丽拉来了第一单生意。

如法炮制，叶丽从同学入手，为公司拉来了几单大生意。叶丽的财富管理公司有了起色。

叶丽在工作上是个女汉子。有了生意后，叶丽每天工作时间不低于 12 小时，上班基本不开车，打专车，因为坐在车上也可以工作。做投资要做调研，她都会亲力亲为。

叶丽常常在办公室忙到凌晨。为了不让父母担心，同时也为了免去深夜归家的辛苦，她特意搬出了家里的豪华别墅，与朋友在公司附近合租了房子。

搬家的那天，母亲站在旋梯处拉着叶丽的手。

"丽丽，你真的要搬出去住啊，那个地方条件太差了。"母亲不放心叶丽，前几天去叶丽新找的房子看了一圈，回来后各种不满。"里面这么小，而且还是两个人合用卫生间，你哪受得了这种地方啊？"

"妈，没事的，现在公司还小，我得省着点用钱。再说条件也不是很差嘛，两室一厅呢。"叶丽笑着说。

"两室一厅两个人住还不小啊?"母亲很嫌弃。

"可以啦,足够住了。妈你放心好了。"叶丽抱了抱妈妈,坐上车走了。

从家里的大房子搬到公司旁边的出租房,叶丽将自己"富二代"的身份抛到脑后。她现在的全新身份,是一个白手起家的创业者。

时间转瞬即逝。一年后,叶丽来到家族度假村,再次敲开父亲办公室的门。

"叶总!"叶丽不忘上次父亲的话。

"你来啦?公司怎么样,我听你妈说你做得不错。"叶丽的父亲抬起头。

"我正是来跟叶总汇报工作的,这是我们公司这一年的财务报表,叶总你看一下。"叶丽从包里抽出电脑,打开财务报表递给父亲。

叶丽的父亲看着报表。除去各类成本,叶丽的公司这一年赚了两百万。

"我赚了两百多万哦,超额完成任务了!"叶丽比了个

耶的手势。

叶丽的父亲很是欣慰。一年前，叶丽说自己要去创业的时候，他虽然答应了，但是对女儿百般不放心，现在，他可以释然了。

"你需要爸爸帮忙吗？比如找到更多客户？"既然决定支持女儿的生意，父亲不介意为她提供资源。

"不用啦，我自己都能处理好的。"叶丽回答。她尝到了靠自己努力的幸福滋味，她知道她不能再依靠父亲的力量。

一天，叶丽在下班的专车上，听到了广播里关于单亲母亲坚强创业的报道。"何不把现有的资源整合起来，做一个女性创业平台呢？"坐在后排的叶丽灵光一闪，开始兴奋起来。创业三年，叶丽深知女性创业的不易，在男权至上的职场厮杀中，女性只有更努力、更勤奋，才有可能杀出一条血路。

叶丽觉得自己找到了新的职场方向，她要帮助独立女性展示职场价值。她要让更多的有能力的女性做出更好的事业。

说干就干。在深圳的一家创业孵化基地里,叶丽搭建了深圳市第一家女性创业社群,Girls Day,帮助一群人创业。

她给自己的第二次创业命名为"创造'她经济'",也就是为女性创业而服务。

自媒体被叶丽定位为她优先考虑的女性创业服务对象。叶丽认为,女性创立的自媒体有自身的内容打理,她们自己也是一个形象,二者都比较需要被提供创业服务。以自媒体为突破口,叶丽打造了网络上的女性自媒体平台矩阵。

春节的时候,叶丽开车从她的出租屋出发,回家过年。

大年三十,深圳的街上行人很少,这座城市的大部分常住民,都早早地踏上了回家的返途。

叶丽回家进了门,爸爸妈妈正在沙发上看电视,节目是"春晚倒计时"。

"爸妈，我回来了。"叶丽对着屋里打招呼。

"丽丽回来了？我去和阿姨做饭了，等会儿进来一起包饺子。"妈妈从沙发上站起来，跟叶丽招了招手，走进厨房。

"叶丽快来看，这个电视上的女的，是咱们度假村的新形象大使，下个月就宣布了。"爸爸笑眯眯地指着电视说。

叶丽走到电视机前。"这是张默笙？"叶丽看着电视机里无比熟悉的脸。

"她可是我们 Girls Day 扶持出来的女性自媒体创业者，今年要作为女性创业代表上春晚呢。"

"是呀，就是她。"叶丽的爸爸说道。

父女俩相视一笑。

议一议

"子承父业""女承父业"，是许多家族企业的常见模式。子女从小被家庭培养成接班人，进入家族企业担任高层。

但是,"女承父业"并不一定是女儿唯一的选择。"承父业"确实为女儿减少了奋斗成本,缩短了资本积累的市场,也创造了更高的平台,但是"承父业"并没有完全考虑到女儿自身的发展兴趣和职业理想,也让女儿失去了尝试独当一面的机会,丧失了尝试更多可能性的机会。离开了父辈的扶持和庇护,女儿也许能更早地独当一面,在事业上创造出更大的天地。

TA YU JIA

CHAPTER 04 第四章

如何与长辈一起养育下一代

女儿长大了，步入了人生的下一阶段。她们结了婚有了自己的家庭；她们生了孩子有了自己的宝宝；有的女儿则成为了单亲妈妈，独自承担工作和照顾孩子的重任……虽然已经从原生家庭中脱离，但在女儿人生的每一步，父母仍然是女儿坚实的后盾，在人生的重要时刻给了女儿许多温暖的依靠，永远为女儿提供温馨的港湾。

在婚恋、育儿问题上，女儿与父母有时也会因为两代人的想法不同而产生各种各样的矛盾和冲突。但是，在家庭中，爱是最重要的语言，与父母好好沟通，总会发现与他们相处的正确之道。

故事 1

离开产房，我终于长大了

第四章 如何与长辈一起养育下一代

一直到孕期的第九个月，艾达都还在上班。

怀孕期间，除了长肚子，艾达几乎没有感到不适，没有孕吐、胃口极好，每天开车上班下班，心情愉快地和同事聊天。她感到自己一定怀了一个乖宝宝。

离预产期还有一周的一个凌晨，艾达破水了。拿了准备好的待产包，艾达在老公张杰的护送下来到了一早就预订好的妇幼保健院。

医院里挤满了大肚子的产妇。医生和护士一刻不停地忙碌着。

丈夫去办理入院手续，艾达躺在了靠门的一处病床

上。"估计很快就能生了吧。"艾达摸着肚子对"乖宝宝"说。

"产道检查。"一个女医生来到艾达的病床处。她戴着大大的口罩,看不到表情。

稍作检查,女医生摘下手套。"虽然破水了,但你宫口还没开。"

"啊……"现实和想象很不相同,这才是万里长征的第一步。

旁边穿粉色衣服的护士将艾达推进了观察室,给她注射了液体。

"这是什么呀护士?"艾达问。

"催产素。"护士看了一眼吊瓶,走了。

如果二十四小时之内宫口不能全开,失去了羊水保护的胎儿将会有生命危险。因此艾达需要注射催产素来加速生产进程。

张杰办好了手续急急赶来。"老公,医生说我宫口还没开,在打催产素了。"艾达握住了张杰的手。

"嗯嗯好的。我刚给两家父母发了个消息。"张杰说道。

随着大瓶的催产素一滴滴地流下，艾达感到疼痛也一点点地涌上来。腹部好像有一节节的火车头，呼啸而来，又呼啸而去，反复碾压。

艾达大滴大滴地流汗。张杰在一旁握着艾达的手，告诉她如何调整呼吸，然而这些书上的理论在如山般的疼痛面前不堪一击。

刚才的女医生不时过来检查。

"大夫，您看强度这么高了，我应该快生了吧？"艾达眼巴巴地问。

女医生耸耸肩。"还早呢，你现在才开了一指，要开五指才能生。"

艾达感觉自己像泄了气的皮球，掉入了深渊中。"我都已经这么疼了，怎么才开了一指？！"

疼痛持续不断。六个小时之后，已经在崩溃边缘的艾达开始大声地哭喊。

"不行了，我真的不行了！你去叫医生来！你一定要跟她说，我要剖腹产，我要剖腹产！"艾达摇着张杰的

胳膊。

张杰和艾达是高中同学，相恋多年，结婚两年，感情很好。

"好的，我去叫医生！"张杰见艾达反应剧烈，连忙跑去叫医生。

女医生很快赶来，检查了之后，她说道："现在已经开到四指了，孩子都快下产道了。就算现在剖腹产也是白搭，再坚持一下吧！"

艾达绝望了。

她看着窗外刚刚升起的太阳，她觉得肚子里的孩子一点都不是乖宝宝。

早上七点多，女医生再次来检查。艾达已经疼到没有力气了。

"好了，可以生了。"

女医生招呼了边上的护士，很快艾达被推进了分娩室。

"你躺好，按照节奏深呼吸，用力借着宫缩把孩子推出来……"艾达听到女医生的指导。

也不知经历了几次艰难的深呼吸，艾达感到身下有什么东西。

"好了好了！生了！"女医生大叫着，将一个小小的肉团放在了艾达的脸旁。

艾达累到了极点，挣扎着抬起眼睛看了看，一个血肉模糊的小人儿正蹬着腿。

"是男孩还是女孩？"艾达问道。

医生将小人儿抱走清洗，一边说："是个女孩，五十厘米，六斤四两。"

从这一天开始，艾达的人生有了新身份，她是妈妈了。

做完了清理工作，艾达被推出了分娩室。除了丈夫以外，两方的父母已经赶来。

"女儿你怎么样？还好吗？"见艾达出来，妈妈上前握住了艾达的手，关切地问道。

艾达感到全身疼痛。她点了点头，轻轻回握着妈妈的手。

顺产当晚，艾达累到睁不开眼睛，但是却睡不着。侧切的伤口一直在隐隐作痛，艾达用力抓着床单，她感到全

身都湿透了。天气很闷很热，空气里有一股难闻的味道。傍晚时分，她原本想打开窗户，却被隔壁几个床的产妇制止。

"别开窗，刚生完孩子不能吹风，不能受凉的。"对面的3床说道。3床拉了拉被子，把全身裹起来。

"原来当母亲这么辛苦啊。"艾达想。

从出产房的那一刻起，艾达感到自己的生活全都改变了。尽管在怀孕期间看了许多育儿书籍，但孩子的降临还是让新手妈妈措手不及。

出院后，艾达回家坐百无聊赖的月子，由母亲和婆婆两人轮流照顾。不能洗头、不能洗澡、不能受风……在两位老人的严格管理下，艾达仿佛被圈养起来一般。

"叮咚……"一大早，门铃响了，进来的是艾达老公的舅舅舅妈一家。他们专程来看望宝宝。

艾达觉得自己和宝宝就像是一个旅游景点，这已经是最近来的第五批游客了。

"姐，恭喜恭喜啊，添了孙女了。"舅舅一进来就朝艾达的婆婆拱手。

舅妈来到艾达身边，抱起小宝宝。"小乖乖，你看着眉眼，长得真像张杰。"

"我看看，哎哟真的是，简直和张杰小时候一个模子里刻出来的。"舅舅走上来附和道。

"你的奶水怎么样？够吗？"舅妈问艾达。

还没等艾达回答，婆婆接上了话茬。"她不行，奶水不足，最近正给她补呢。哎你女儿那时候下奶喝的是什么汤？我也给她试试。"

"你儿媳妇奶水不行啊？我女儿那时候奶水特别足，又厚又稠，我家小孙子抱回来几天就已经九斤多了，白白胖胖的！"舅妈自豪地说。很奇怪，人与人之间总是通过攀比来确定自己的存在感，就连下奶这件事也要攀比个谁多谁少。

"你女儿身体好啊，你看我儿媳妇瘦的，最近奶水都不足，都没给宝宝吃好，宝宝都没长几斤肉。"婆婆看了看艾达说道。

艾达有些不高兴，但同时又有些自卑。她感觉自己

不是一个人，而是一头奶牛，而且还是一直奶量不足的奶牛。

没有人关心她累不累，所有人都在问："有没有奶？"

她想把女儿抱回来。但是舅妈和婆婆已经将女儿抱远了逗乐。

"这小姑娘长得真可爱。姐，等过两年再叫张杰给你生个孙子，两个孩子不要太幸福哦，一家就得两个孩子，得抓紧时间要个二胎。"舅舅对婆婆说。

"二胎肯定得要的，要生个男孩的呀，一男一女才凑个好字。"婆婆附和道。

艾达很无语。她刚刚经历了鬼门关，生了孩子不过几天，婆婆已经开始计划二胎了。"我不生二胎了，你们要孙子自己生去吧！"艾达气得大吼。

舅舅舅妈很是尴尬。

"这说的什么话？"婆婆不满地看着艾达。

舅妈识趣地说道："没事没事，艾达刚生了孩子还在恢复呢，二胎不急，慢慢来。"

"那行，姐，我们先走了，还得去幼儿园接孙子。等满月酒的时候再来看宝宝。"舅舅和舅妈转身告辞。他们走时和艾达打了个招呼。艾达没理。

"这几天先别让亲戚们来看孩子了，我觉得太累了。等月子结束了他们再来看吧。"舅舅舅妈一走，艾达对婆婆说道。

"人家也是一片好心，是来看孩子的，又不打扰你。"婆婆瞪了她一眼，对她刚才的言论很是不满。

艾达想哭。她被一个巨大的漩涡困住，无力挣扎。

她给张杰打电话。"张杰，你叫你妈回去吧，后面都只叫我妈来照顾我就行。"

正在上班的张杰一头雾水。"怎么了？为啥叫我妈回去？"

艾达大哭。"你妈叫我生二胎呢！这才刚生下宝宝，伤口都还没愈合呢就，让我生儿子，你妈简直了，都是些什么老观念……"

"好了好了，你别生气，我叫我妈回去就是了。"夹在母亲和媳妇之间的张杰也很为难。

赶走了婆婆，艾达只有妈妈和张杰照顾了。

宝宝出生两周后，张杰被公司派去外地出差一周。妈妈住进了艾达的家，方便照顾艾达和宝宝。

"哇……哇……"

晚上，刚刚睡着的艾达被孩子的哭声吵醒。她想坐起来抱着女儿，却突然怎么也起不来。她用尽全身的力气挪动身体，却像全身瘫痪似的动弹不得。

"哇……哇……"

女儿哭声越来越大，声音嘶哑。

看着两米之外的女儿哭得这么伤心，自己近在咫尺却不能保护，她感到好无助。艾达崩溃了，这些天来积攒的委屈、不满、伤心统统爆发，艾达躺在床上撕心裂肺地也哭了起来。

"怎么了？怎么了？"外面传来了艾达母亲急匆匆的脚步声。她听到了哭声，拖鞋也来不及穿，还打着赤脚。

母亲打开了房间的灯。

艾达和宝宝正两人躺在床上，相对痛哭。

母亲吓了一跳。"怎么回事呀，艾达别哭，别哭。"赶紧将艾达从床上拉了起来，放好靠枕让艾达靠坐在床上，又将小孙女抱在怀中，轻轻地拍着她的背。

小宝宝在外婆的轻拍下，慢慢止住了哭声，挂着眼泪睡着了。

母亲轻轻放下小孙女。

艾达坐在床上，眼泪依然止不住地流着。

"怎么啦？"母亲问艾达。

"妈，我感觉自己好没用啊，连自己的孩子都照顾不好，她哭了我没法哄她，奶水不够让她吃不饱……我好没用啊……"艾达轻轻地啜泣着。

妈妈擦了擦艾达的眼泪。"没事没事，这都是正常的，谁也不是一上来会当妈妈的。"

"你现在刚生孩子没多久，身体还没恢复，还在学习怎么当妈妈。你现在已经做得很好了，不要有那么大的心理负担。妈妈在这帮你呢，没事的哈。"

从生孩子到现在，这是艾达第一次听到有人关心她，从来大家都是围着宝宝，却忽略了在宝宝身边也需要被关

注的艾达。

艾达靠在母亲的肩头，无论长多大，母亲的话永远是温柔的蜜糖。

"我现在才知道当妈妈多么不容易了，妈，你把我养这么大简直太伟大了。我以前还经常惹你生气，我还总是嫌弃你这不好那不好……都是我不好。"艾达说着又哭了。

"养儿才知父母恩啊。做母亲的哪会怪自己的女儿呢？妈妈只希望你身体赶紧恢复好，和宝宝健健康康、开开心心的，比什么都重要。"艾达妈妈抚摸着艾达的头发，轻轻说着。

明亮的月光下，两对母女的心彼此相连。

在离开产房的这段时间，二十九岁的艾达意识到，自己长大了。

议一议

养儿方知父母恩。当女儿自己变成母亲时，她才能体会生养孩子的艰辛和不易。

故事中的艾达，在生孩子期间熬过了阵痛，但在抚养孩子的过程中，坐月子、喂夜奶，都让艾达精神崩溃。这些都是新手妈妈遇到的常见问题。如果不正确对待，很有可能发展成产后抑郁症。

作为新手妈妈，要充分认识自己的情绪。产后激素水平不稳定，容易造成情绪脆弱、忧郁，一点点小事都会被放大，这都是正常的情绪波动。一定要正视自己的心情，及时去调整。每一个新手父母都会遇到困难，千万不要对自己要求过高；尤其妈妈生产后是最脆弱的时候，需要家人的支持。要学会求助家人，不要把别人的责任都揽在自己身上，给自己压力、折磨自己，直至崩溃。

另外，要学会科学育儿，通过看专业书籍、咨询专业人士，学会科学地与新生儿相处，不要过度惊慌，也不需要过度紧张，相信自己是能够保护孩子的最好的妈妈。

故事 2

不被祝福的我们，如何赢得老人信赖

57岁的焦阿姨一早打开信箱查收信件。除了水电缴费单和各式广告单之外，一张法院的传票赫然在列。

焦阿姨和老伴张大爷当了一辈子良民。这张是他们活了大半辈子收到的第一张传票，来自宝贝女儿张欣欣。

张欣欣今年26岁，是家里的独生女。因为父母"棒打鸳鸯"，拒不提供户口本给张欣欣办理结婚登记，她将年近六旬的双亲诉至法庭。

几个月前，张欣欣打电话回家，说是谈了男朋友准备今年结婚，要在中秋节带回家给父母看看。

焦阿姨很是欣喜。

虽说欣欣离"三十岁大关"还有四年,但社会上甚嚣尘上的"剩女论",让焦阿姨不免有些担心。女儿过了25岁之后,焦阿姨便开始在各处搜集信息,为女儿安排相亲活动,甚至还去过市里的相亲角帮女儿"挂牌"。但张欣欣并不领情,对父母安排的相亲活动毫不上心。如今看来,许是那时便已有了意中人。

中秋节那天,焦阿姨和张大爷一大早就去菜场买菜。前一天,他们去超市专门买好了鱼、虾和鸡,两人还联手把家里打扫得干干净净。"准女婿"头一次上门,老两口认为,得讲究个排场,不能让人家看轻了。

11点刚过,门铃响了。焦阿姨放下正在洗菜的盆,快速地在围裙上擦了一下手。

"来了来了。"焦阿姨一边摘围裙一边走去开门。

打开门,张欣欣挽着一个男人,出现在焦阿姨的眼前。

焦阿姨上下打量了一番。男人戴着一副眼镜,平头。个子不高,皮肤偏黑,体形微胖。

"欣欣回来啦，快进屋吧。"焦阿姨愣了一下，紧接着便招呼两人进来。

进了客厅，张欣欣向妈妈和坐在沙发上的爸爸正式介绍："爸，妈，这是我男朋友，李平。"

"叔叔好，阿姨好，我叫李平，是欣欣的男朋友。"旁边的男人略显紧张，鞠了个躬，说起话来带点乡音。

"行，你们聊吧，我去厨房看看饭好了没。"焦阿姨边说边走进了厨房。不知怎么的，从第一印象来看，焦阿姨并不怎么喜欢这个眼前的"准女婿"。她隐隐感到有些失望。

午饭时，焦阿姨和张大爷你一言我一语，将李平的情况详细追问了一遍。和所有父母一样，他们希望女儿能找到好的归宿。

李平是本地人，和张欣欣是同事，两人在工作中相识，已经恋爱一年多。

"你爸爸妈妈都是干什么的？"焦阿姨问道。

"我是单亲家庭，从小跟着我妈生活，我妈在工厂上班。我爸很少联系，他已经退休了。"李平回答着。

"单亲啊……"焦阿姨感到自己心里的失望放大了。

"妈,你俩这是审犯人呢,别这么问人家。"张欣欣维护男友心切,表达了对母亲问话的不满。

"我就问问情况嘛,这很正常的呀!"焦阿姨也是暴脾气。

"没关系的没关系的,阿姨您想知道什么都可以问的。"李平出来缓解气氛。

"你是哪年的?"张大爷接过了焦阿姨的问话。

"我81年的,比欣欣大一点。"李平答道。

"那你37岁?比张欣欣大不止一点的哦!"焦阿姨掰着指头算,"37岁……26岁……大11岁呢!噢哟!"

饭桌的氛围有些微妙。大家都放下了筷子面面相觑。

"嗯……"李平顿了顿,看着张欣欣的父母,一字一句地说:"叔叔阿姨,我是比欣欣大11岁,但是我是真心喜欢欣欣的,我保证会照顾欣欣一辈子,努力工作给她幸福。请二老同意我和欣欣结婚。"

张欣欣感到心里暖暖的,她很幸福能这样被男朋友坚定地选择。

张欣欣的父母心里五味杂陈,女儿的男朋友,说实话,老两口都没看上。

午饭结束,焦阿姨和张大爷并没有久留这位"准女婿"。一番客套之后,李平起身告辞。张欣欣送男朋友下楼,然后独自返回家中。

"欣欣啊,你这个婚事再考虑一下吧!"张欣欣一进门,性急的焦阿姨就迫不及待地开口。"这个李平太一般了啊,都快四十岁了,家里条件也不行。你看上次舅妈给你介绍的那个男生,做金融的,年薪百万,人也年轻……"

"哎呀妈!现在都什么年代了,你怎么还在包办婚姻啊!我就喜欢李平,我就要跟他结婚!"张欣欣反驳。

"爸爸妈妈都是为你好呀,他这种条件你嫁过去怎么会有好日子过!趁现在还年轻,你再看看别人,还有更好的呢。"妈妈说道。

"是呀,欣欣,我也说一句啊。爸爸也觉得他不合适,你们条件相差太多了不会幸福的,结婚还是要找门当户对的。"张欣欣的爸爸也加入了劝说。

"门当户对，门当户对，大清已经亡啦，你们怎么还是这些老观念？李平人老实，对我又好，我们两个你情我愿有什么不对的？反正不管你们怎么说，我都是要和他结婚的！"

张欣欣快步进了自己的房间，重重地摔上了大门，她不想再跟父母做无谓的争辩。她不明白，一向开明的父母怎么也开始以"条件"衡量一切了呢？

十月中旬，张欣欣再次带着李平来到了家门口。自从第一次见面，父母明确提出反对意见后，张欣欣和李平的感情非但没有变淡，反而更加深厚了。有人说，一桩感情越是要拆散他们，反倒越是紧密，似乎不无道理。

张欣欣和李平决定在十一月领证结婚，正式成为夫妻。

而现在最需要的，是父母的祝福，和在张欣欣父母手中的户口本。

"叮咚。"张欣欣按响了门铃。

门应声开了。焦阿姨看了一眼欣欣和李平,没有说话,转过身走回了客厅。

张欣欣拉着李平的手,尴尬地进了门。

"妈,我这次来是跟你们说下,我和李平十一月九日准备领证了。你把户口本给我。"张欣欣上来表明来意。

焦阿姨不可置信地看了女儿一眼。张大爷也从房间里出来,坐在了客厅的沙发上。

"叔叔阿姨,我知道你们可能看不上我家里的条件,我承认,我家条件确实很一般。但是我和欣欣是真心相爱的。我们会一起努力创造我们的幸福的。请你们相信我,答应我们的婚事吧。"李平说道。跟上次一样,他向欣欣的父母做出了承诺。

可是张欣欣的父母似乎并不吃这套。

"你们要结婚,婚房在哪?"焦阿姨说话了。

"我们家条件您是知道的,父母辈帮不上忙。我自己这几年工作攒了一些钱,四五十平方米的房子首付还是足够的,我想先领证,然后买一套小房子,明年开春办婚礼……"李平还没说完,就被焦阿姨打断了。

"首付？所以我女儿嫁给你以后还要跟你一起还贷款吗？而且你这房子还不知道在哪里呢，空手就想娶人家的女儿啊？"

"一起还贷款怎么啦！我们一起打拼自己的生活有什么不对吗？"张欣欣有些激动。"妈，我又不是你们的物品，你们是想把我卖给房子，这样才开心吗？"

焦阿姨看着张欣欣，有一股恨铁不成钢的心情。"我是不会把户口本给你的，你现在鬼迷心窍了，过段时间就知道你们在一起不合适。早早分开吧，对双方都好。"

一直沉默的张爸爸走到了李平面前："你走吧，我是不会让女儿嫁给你的。你们要结婚，除非她跟我断绝父女关系！你想让欣欣为了你这个男人跟家里断绝关系吗？"

李平犹豫了。

他想和张欣欣结婚，但他也不想让张欣欣陷入亲情和爱情的两难选择。他握着张欣欣的手，不知道说什么。

"爸，妈！我已经 26 岁了，我不是小孩子了，我有选择和谁结婚的自由。你们这样只会让我难过！"张欣欣的声音开始哽咽。

"你这孩子平时都很听话，怎么关键时刻掉链子……这个男的比你大 11 岁，而且各种条件都不行。婚姻不是儿戏，要考虑很多因素。爸爸妈妈都是为你好，以后你就知道了。得不到父母祝福的婚姻是不会幸福的。"张欣欣的父母坚持着，他们分开李平和张欣欣，把李平推出了门。

条件不好父母不同意结婚？

张欣欣从来没想过，这种发生在电视剧里的桥段会发生在自己身上。她不知道该怎么办。

张欣欣的父母怎么也没想到，自己的亲生女儿会将他们告上法庭，而且还是为了一个大她 11 岁的男人。

开庭那天，焦阿姨一个人来到了法庭。张欣欣的父亲退休前是个干部，极好面子，他不愿意来参加这场当众的家庭闹剧。

法院常规流程之后，原被告双方发言。

张欣欣首先发言。

"法官好。在这里我想对妈妈说几句话。我知道您和爸爸是为了我好，但是我已经是个成年人了，我知道什么样的生活才是自己想要的，我也会对自己的行为负责。虽然我们现在还什么都没有，但我和李平会努力奋斗，一起把我们的小家照顾好。希望您和爸爸理解我，把户口本给我，让我和李平结婚吧。"

焦阿姨有些感慨。张欣欣从小品学兼优，读大学期间是积极、乐观向上的女孩，是父母和老师眼中的乖乖女。没想到对于人生大事，乖巧的女儿竟然这么倔强。

"欣欣，爸爸妈妈是这个世界上最疼爱你的人。我们何曾不希望看到你成家立业，组成幸福的家庭，但是婚姻并不是有了爱情就有一切。父母比你更有人生经验，我们看人比你准。自从认识李平之后，你变得不再像以前的你了，精神状态反常，甚至有时好几天不跟我们联系。你们还没结婚就是这个样子，我们怎么能放心？李平比你大那么多，家里还是单亲，工作也很一般，婚房也没有，你们在一起是不会幸福的。我和你爸爸并不是在反对你的婚姻自主权，而是告诉你要做出正确的选择啊。你现在不顾我们的感受执意结婚，还要跟我们断绝关系，你让我们怎么

受得了？"焦阿姨一字一句地说道。

两方发言结束，大家都很固执，果然是一家人。

庭审继续。

最终法院经审理认为，根据《中华人民共和国婚姻法》规定，禁止包办、买卖婚姻和其他干涉婚姻自由的行为。张欣欣已达到法定结婚年龄，其为办理登记结婚手续要求父母提供户口本合理、合法。父母应当将户口簿提供给张欣欣用于结婚登记之用，在使用后张欣欣应及时将户口簿返还父母。

一审判决后，张欣欣的父母没有提出上诉。

十一月九日，张欣欣和李平如愿拿到了结婚证。

"经历了种种坎坷，今天我们终于在一起了。余生请多多指教，李先生。"当天，张欣欣在朋友圈记录下了自己的幸福。

张欣欣的婚礼定在了明年四月，她给父母发去了请帖，她不知道父母会不会来参加，但她希望能牵着父亲的手，走进温馨的礼堂。

议一议

"婚姻自主"的概念是在1978年被写入《宪法》的，1986年被确立为民法所界定的个人权利。公民依法享有婚姻自由的权利，即公民依法按照自己的意志，自愿地结婚或离婚，不受他人干涉的自主权利。

子女已达到法定婚龄时，享有结婚自主权。父母关心子女的婚姻，其本身并没有恶意，但若过度干涉子女的婚姻选择，很可能会成为一种家庭软暴力。

父母都希望自己的子女能找到合适的伴侣，可子女个人的意愿和选择，应该放在第一位，父母应多尊重子女的婚恋自由，从旁引导，不要过度参与，干涉子女的选择。

张欣欣的故事也侧面反映了更深层次的问题，即父母与子女在日常生活中沟通缺失。正是因为缺少沟通，父母才会对自己儿女的婚姻配偶不放心不信任，认为孩子还没能长大去识别好坏。所以，根本的解决方式还是应当加强和父母的沟通，同时男方也应该在结婚后主动修补和女方父母的关系。

故事 3

爸爸妈妈教会我，如何当好单亲妈妈

趁着丈夫去洗澡的空当，周雪打开了丈夫的手机。密码是两人的女儿妙可的生日。这是两人共同的手机密码。

最近，周雪明显感到丈夫有些不对。她需要用自己的方式揭开这个疑惑。

丈夫并没有换密码，手机打开了。

直奔微信，置顶的聊天是一个女生，头像是一张无辜表情的自拍，身材火辣。聊天记录让周雪感到一股血流直往头上冲。

就在半小时前，丈夫刚刚给这位性感的女生发去了一条微信。

"宝贝，我好想你啊！亲亲！"

再往前翻，内容更加不堪入目。两人互称老公老婆，腻腻歪歪打情骂俏。

显然，丈夫出轨，而且已经有一段时间了。

周雪拿着手机。她的手开始有点颤抖。愤怒的情绪像翻滚的岩浆，下一秒就会喷发。

厕所的门开了，丈夫洗完澡从里面走了出来。

周雪抬头，看着他。

"你在干嘛！"丈夫看到了周雪手上的手机，走过来，一把将手机抢了过去。

"我在干嘛？你自己做了什么自己心里最清楚！那个女人是谁？"周雪失去了理智。

"什么女人？你别乱翻我的东西好吧？我看你是在家里待得太舒服，脑子坏掉了！"丈夫反倒先开始数落起了她来。

自从三年前怀孕生了女儿，周雪辞掉了以前的工作，专职做起了家庭主妇。别人都说周雪是一个标准的贤妻良母，她将家里收拾得井井有条，将丈夫和女儿照顾得无微

不至。只有她知道，三年的家庭主妇，无尽的家务，和丈夫感情变淡……她已经快被熬干了。

"离婚吧。"周雪瘫坐在地上。她累了。丈夫出轨是压倒骆驼的最后一根稻草。

"你吓唬谁呢？离婚就离婚！"丈夫显得比周雪更激动，穿好衣服，摔门而出。整晚都没有回来。

两周后，周雪拿到了那个绿色的小本。她感到所有的生活信念、勇气、梦想，都随着这段婚姻的结束，荡然无存。

收拾了所有行李，周雪带着七个大箱子搬回了父母的住所。房子是丈夫婚前买的，并不属于她。好在女儿归周雪抚养，这是她现在生活的唯一精神支柱。

离婚对亲历者来说是一场地震。整整一周，周雪都把自己关在房间里，不想出门。丈夫是她的初恋，做了家庭主妇后，家庭是她全部的生活。婚姻的失败、家庭的解体，使她陷入了自我怀疑、信念坍塌的漩涡中。

"小雪,吃饭了。"周雪的妈妈敲了敲房门。

没有回应。

妈妈扭了一下门把。门没锁。她轻轻地推开了门。

房间拉着窗帘。尽管是中午,屋内依然十分阴暗。周雪躺在床上,裹着被子,背对着母亲。

"小雪,起来吧,都中午了。吃了饭你带着妙可出去逛逛吧。"妈妈说。

没有回应。

妈妈走到床边,轻轻地推着周雪的肩。周雪并没有睡着。她只是不知道应该怎样面对母亲。

"小雪,离婚没有什么的,现在社会上离婚的人这么多,都成普遍现象了。没关系的,爸爸妈妈在呢。"妈妈轻声说。

周雪开始小声地抽泣。

妈妈把周雪拉起来,抱在怀里。周雪抱着妈妈,放声大哭起来。这是离婚之后她第一次在妈妈面前展示脆弱。

妈妈拍着周雪的背,任由她哭泣。"你也不是小孩子了,自己的人生要自己负责呀,更何况还有妙可。你这么

颓废下去，妙可怎么办呀？我和你爸都会帮你的，别担心。你一定要振作起来啊，我的女儿……"

周雪的哭声越来越大。

抱着妈妈，她知道，她不能再这样逃避现实了。无论如何，她还有父母，还有女儿。

吃饭的时候，周雪对三岁的女儿说道："妙可，就剩我们两个了。我们今后一定要过得快快乐乐的好吗？加油啊！"

妙可似懂非懂地点了点头。

"求上天赐我沉静，去接受我必须接受的；赐我勇气，去改变我能够改变的；赐我智慧，以判断两者的区别。"为了让自己走出来，周雪抄下了这段话，贴在墙上最显眼的地方。

不再是家庭主妇的身份，周雪迫切需要的，是一份稳定的收入来支撑自己和女儿的生活。她重新为自己制作了简历，在几大招聘网站海量投递。但是，离开职场三年和尴尬的年龄，让周雪的找工作之路并不顺畅。海投了半个月，周雪没有收到任何公司的回音。

沮丧之际，有位朋友游说她合伙开店，孤注一掷的周雪便拿出所有积蓄，跟朋友莎莎一起开了一家小型广告设计公司，用女儿的名字将公司命名为"妙可广告"。两人招聘了三位新员工，组建了一支小小的团队。

公司的第一单业务，是某外企的展会设计。这家外企给出的预算十分有限，期限又很紧张，无人接单，这才落到了"妙可广告"手里。

"我们做吗？"莎莎犹豫着问周雪。一周时间里完成所有的设计和落地执行，确实不是一件容易的事情。

"做吧。"周雪点头。她需要钱，也需要所有能证明自己的机会。

说干就干。第二天，周雪和团队一起确定了设计需求，各自领了任务分头执行。他们需要在两天的时间里，交出客户满意的设计稿。剩下的五天用来做落地执行。

广告行业是出了名的"加班圣地"，更何况时间紧迫。

阔别职场三年后的第一份工作，周雪经历了前所未有的忙碌。从设计、定稿到现场布置，每一个细小的内容她都要亲力亲为。经历了人生的重大转折，她十分珍惜这种

能自己掌握命运的机会。

经历了一周的疯狂，展会顺利结束。

半夜一点，整理好所有材料，将展会的总结报告发送到客户邮箱的周雪回到了家。

女儿已经睡了。她洗了个澡，感觉累到骨头都要散架，手也抬不起来。但看着女儿甜美的睡颜，她觉得值。

她想给女儿买最好的营养品、最贵的衣服，让女儿上最好的幼儿园。她想让女儿享受所有正常家庭的孩子都有的一切。想着这一切，周雪觉得自己充满了斗志。

九月，周雪咬咬牙，将女儿送进了市里最好的一家私立幼儿园，一年学费十万。她是个要强的人，她要给女儿最好的一切。

"妙可广告"度过了最初的艰难创业期，开始有稳定的客户。要赚更多的钱，挖掘新客户是首要任务。周雪知道，要让女儿和父母早日过上好的生活，自己必须加倍努力。

这天下午，周雪独自去拜访一位潜在客户，化妆品行业的佼佼者。这是她通过许多层关系才拿到的机会。如果能接下这单生意，周雪相信女儿今年的学费就不用愁了。

打车来到市里最高的世贸中心楼下，周雪抱着前几天熬夜准备的展示资料上了电梯。

电梯停在19楼。简单登记后，前台带着周雪来到了会议室。离会议还有五分钟，会议室陆陆续续地有人进来，大家都穿着精致的洋装，向周雪职业地微笑了一下。

"这就是精英啊。"周雪心中暗想。

展示进行得很顺利，就在周雪正在进行项目的最后一部分——年度预算的介绍时，一阵手机铃声响起。

周雪的手机响了。

来不及看是谁打来的，周雪连忙按掉手机，拨下了静音按键。

"不好意思啊。"周雪连忙道歉。

"没事的，我们继续吧。"对方市场部的总监说道。

周雪调整了一下，继续演讲。

"嗡……嗡……嗡……"周雪的手机再次振动。连续两次手机响，她有点慌，快速地拿出手机按掉电话，然后按下了关机键。

"真的抱歉了,刚没有关手机……"周雪害怕一点点的失误。

"没事,关掉了就好。我们继续吧,后面我还有一个会要开。"市场总监看了一下会议室墙上的钟表。

"好的好的,那我介绍一下最后一部分,预算环节……"

走出世贸大楼,周雪的心情有点复杂。尽管对方没有当场决定,但展示做得应该还不错。只是那两通电话……周雪有些不安,"会不会给他们留下不专业的印象……"

周雪边想着边走到了附近的公交站台。回去的路不赶时间,为了省钱她选择不打车。

摸出手机,按下开机键。刚才她并没有看清是谁打来的电话。

电话是女儿幼儿园的老师打来的。

"哎呀!"周雪突然想起来,老师昨天在班级群里通知今天会提前放学,需要提早去接孩子。可是忙碌的周雪只看了一眼就忘记了。

赶忙回拨过去,现在离老师通知的放学时间,已经过了一个多小时。

"老师好，我是妙可的妈妈。我刚才在外面没接到电话。已经放学了是吧，好的好的我马上就来……不好意思啊，我忘记了……辛苦老师了……"放下电话，周雪抬起手，打车去幼儿园。

到幼儿园门口的时候，天已经黑了。园内的教学楼一片漆黑，只有一间教室还亮着灯。

周雪朝那间教室走去。

"妙可，妈妈来了。"到了门口，周雪轻声叫着。

女儿正在画画，听到妈妈的声音，抬头看了一眼，立马哭了起来。

"妈妈，你不要我了！我要去找爸爸……妈妈不要我了……"

女儿的话像针一般，重重地扎在了周雪身上。

为了让女儿过上好生活，她起早贪黑地工作，但是却错过了陪伴女儿的时光。周雪感到愧疚。

"妙可妈妈，咱们工作再忙也要抽时间陪孩子，不能错过孩子的成长。"老师说道。

今天如何做女儿

周雪强忍着自己的眼泪谢过老师，和女儿一起回家。

牵着女儿的小手，周雪一字一句地说。

"妙可，今天妈妈工作晚了没有按时接你，妈妈跟你道歉，以后不会了。"

"妈妈以后每天都会按时去幼儿园按时接送你，每天晚上陪你玩好吗？但是妈妈需要工作来养家，有时候工作时间比较长，陪你的时间可能会有点少，但是每晚至少陪你玩一小时好吗？"

周雪不想错过女儿的成长，但她不能放弃工作，她想跟女儿做个约定。

"好的。妈妈拉钩。"妙可发出稚气的童音，然后伸出了小拇指。

"嗯，拉钩！"周雪也伸出小拇指，和女儿相视一笑。

议一议

成为单亲妈妈是非常辛苦的，但这并不是什么不光荣的事情。

许多人因为孩子，即使夫妻感情破裂也不肯离婚，但是凑合的婚姻并不是孩子想要的结果。在单亲的家庭里，只要能让孩子在一个健康快乐的环境里成长，远远好过在凑合的婚姻中，让孩子时刻感到紧张和恐惧来得更加好。

作为单亲妈妈，首先，要调整好心态，一段婚姻的失败并不是人生的全部，要从失败的婚姻中走出来，积极乐观地面对接下去的生活。

其次，单亲妈妈要有自己的事业作为基础。如果没有收入来源，连生活温饱尚不能解决，必然不可能给家人和孩子带来好的生活。

另外，来自亲朋好友的支持也很重要。单亲家庭难免要应对社会上形形色色的眼光，如果有朋友、亲人的关心帮助，就会很轻松地应对这些难关。

每个人走的路都不同，不要太在意别人的看法。走好自己的路。成为单身妈妈并不是失败的人生，努力生活，勇敢做自己。

CHAPTER 05 第五章

女儿还是全家养老的主力军吗?

TA YU JIA

养儿防老,这四个字,在当代中国社会被反复讨论。古训也好,传统也罢,在中国传统观念中,儿子是养老的"一把手"。但曾几何时,女儿早已挑起了全家养老的重担。

女性后辈承担家中长者养老各项事务的开端,始于中国近现代。随着女性地位的提高,女性受教育程度的提高,女性的自主独立意识越强,其养老的责任,实际上也越强。如果说,传统社会,中国女性扮演的角色是家庭事务型的贤内助,出嫁的女儿只是"泼出去的水",那么在中华人民共和国成立70年,改革开放40年的今天,女儿的养老角色变得已经越来越重要。但即便如此,年轻的"80后""90后"女儿们,也有她们自己的想法。女儿就一定要成为全家养老的主力军吗?答案是多样的。

第五章 女儿还是全家养老的主力军吗？

故事 1

养父母，养公婆，养老公？都是做梦！

"90后"公务员小璇，和很多大城市的孩子一样，过着独生子女无忧无虑的生活。她的妈妈爱莲也是这座城市里的公务员。从读书到就业，小璇都是按部就班。而今女"承"母业，小璇觉得自己就是妈妈的"复刻版"。尤其是自己这些年谈的恋爱，也都得听妈妈的话。

小璇从学校读书到单位入职，断断续续谈了三场恋爱。母亲爱莲不仅插手，还事无巨细，从严把关。

"我妈不是给我找结婚对象，而是在给她自己找'养老院'，找'储蓄银行'，她对女婿没有额外要求，就是要同住一个屋，我们养她和我爸，就好像她和我爸当初结婚

141

住在我外婆外公家一样，可是真的还要重复老一辈过的日子？太无聊了。"小璇这样感慨。

前两次恋爱，一次是爱莲的公务员朋友介绍安排的。第一任男友小Ａ长相出众，和小璇又是同校上下年级的校友。

"周末带朋友回家玩！""长得好看很重要，今后生娃，一定漂亮，无论男女我都喜欢。""我没别的要求，就是男孩子要孝顺父母、孝顺公婆，什么是孝顺，那就是搬到一起住，小Ａ和你一起养我。"爱莲总是叨叨。

小璇说："我觉得，我妈比我还急，急着把我嫁出去。"

"不是急，是为你着想，未雨绸缪。"爱莲答。

结果这对"拉郎配"的校园恋人很快发现彼此不合适。临分手时，小璇发现，自己遇到了拒绝赡养老人的"渣男"。

小璇回忆，当时的矛盾焦点在于婚后赡养老人的方式方法上。"出钱、出力……"男友小Ａ什么都可以接受，就是不乐意在同一屋檐下赡养未来的丈母娘和丈人。小璇急了，"不养就不养，我妈我爸都靠我养……"没多久，对象吹了。

第二场恋爱是小璇自己找的男朋友，当时她刚到市里公务部门上班不久，身边的单身男小B围着她转。谈了几个月，小璇正要把小B往家里带，爱莲已经迫不及待，她又让小璇捎去话，除了钱归谁管，家务谁做，又是关于婚后要与女方老人同住，解决女方养老的话题。

小璇起初觉得根本不想按母亲的思路问。但是后来改了主意，为什么不呢？"上一次，小A跟我谈崩了，其实就和养老人的事情有关；现在小B就在眼前，为什么不试试这个人对我家人的真心？"

就这样小璇还专门挑选了一个周末，找个可以和风细雨讨论问题的咖啡馆，向小B摊牌，"我妈对经济条件、人的外表啥的，都没啥意见，就是想问，能不能婚后在一起住，你和我既养你的爸妈，也养我的爸妈……"小璇说着说着，也是一时语塞。

没想到的是小B比小A还要绝。小B一句话没有辩驳，拂袖而去，晚上发来微信一条，图片一张，上面全是小璇跟他谈恋爱期间，小B哄女友的日常花销清单，要

求女方埋单。

"我的天,这是要分手吗?"小璇问。

"我连我自己都养不活,还要养我自己爸妈,让我现在牺牲,养你爸妈,不可能!"小B的微信回复,在时隔数小时后姗姗来迟。

小璇手一松,手机跌落在地上。第二场恋爱就此画上句号。

"怎么如今一谈起养老,男人们只有一个办法,就是逃跑呢?"小璇很伤心,这一晚她坐在沙发上拉着妈妈的手说,"妈,其实你的要求,我的要求,也都不算太高吧。"爱莲劝小璇,"下一次遇到合适的人,咱们放宽一些条件吧,就不用提养老的事情。"

就这样,一来二去,小璇又开始谈她的第三场恋爱。

这一回爱莲和小璇都沉得住气。当母亲的不提额外要求,当女儿的也不试探对方婚后如何孝敬老人。C先生也十分礼貌,谈了不到一年,又到了该谈婚论嫁的时候。

出乎爱莲和小璇的意料,小家庭今后"谁养谁"的养老问题还是浮出水面。

C先生来自一个单亲家庭,由母亲一手拉扯大,C先生只想娶个和他一起孝敬母亲的媳妇,至于媳妇家的长辈和老人,几乎都没考虑。

"养爸妈?养公婆?养老公?其实我和小C连自己都养不起。"小璇说。

这一次小璇给爱莲算了一笔账,如今大城市的公务员收入与支出不成正比,如果顺着C先生的要求来,只顾公婆家,不顾自己父母家,也难满足男方"媳妇养婆婆"意愿。

就这样,C先生和小璇准备把婚期延后了,也或许这一次小璇又结不成婚了。

议一议

男大当婚,女大当嫁。这个几千年来的中国传统,到了21世纪已经有了很大变化,现如今,准新郎和准新娘为赡养双方老人的事在婚前最后一刻闹掰的不在少数。一方面,我们想说,没有深厚情感基础的婚姻,往往到了养老问题上就很难过关,因为谁都不乐意为对方

及对方家人多付出一点，那么婚姻的情感基础也就荡然无存。

另一方面，为什么"养不起"？这也是一个很好的问题。小璇的故事其实很稀松平常，只是她的母亲一直抱着被儿孙赡养的期望，期望越高，失望越大。事实上养老要依靠女婿和儿媳妇的思维，正在淡出日常生活。不是青年一代没有孝心，也确实有"养不起"的难处，其中的主要原因与社会结构自身变迁有关，而细节上则与个别人的私心也不无关系。故事中小璇遇到的几任男朋友，往往在最关键的赡养对方父母问题上"宕机"，正是不愿意付出的表现。换个角度思考，婚姻的存续也无法约束那些真正不尊老的"渣男"。而小璇们面临的更大困境在于，不仅未来组成家庭的小夫妻养不起对方父母，小夫妻可能连自己都养不起。

当下，与"啃老"现象相伴而生，在赡养问题上背信弃义、违反法律法规者也大有人在，最为突出的是擅自霸占老人住房、擅自挪用老人积蓄等。专家提醒，赡养老人，要依法摆正自己在家庭赡养关系中的客观地位，这点非常重要，毕竟衣来伸手饭来张口的独生子女一代也要变老，在他们的赡养账本里，不能只写着"不"字。这是维护社会公序良俗的基础。

第五章 女儿还是全家养老的主力军吗？

故事 2

假如给我 3 天

初秋开始的咳嗽始终未见好转,阿朱咳得痛心痛肺,今天尤甚。

今天是父亲 80 岁的生日。

"距离他离开我们,已经过去了 630 个小时。"阿朱在微信朋友圈发了一条配有黑白照片的留言。很多人在留言区留言,发出默哀和点蜡烛祭奠的表情。

阿朱说,从记事起,家里的老人都很长寿,因此几乎不曾有过任何面对生死离别的记忆。今天面对时,才发现到了这种时候,竟是想象不到的痛。

重症监护室窗外的天依旧蓝,S 市 S 路梧桐树下的那扇紧闭的黑色铁门,就此隔断这一世的牵绊。

"总要面对告别的吧,在长长的人生路,通向最孤独的去处。"阿朱倒吸了一口深秋的空气。

"假如给我3天,我想重新来过!"阿朱的故事,和很多中年知识女性差不多。忙完工作,忙家里,家庭主要是指三口之家,丈夫和孩子最让她操心,之前唯一忽略的是父母。

"公婆生病时,我比我的丈夫还紧张好几倍。不是亲生父母,反而会更加上心一点。"阿朱解释。

但这一次不一样。告别的时候,才惊觉彼此拥有的时间,何其短暂;想说而没有说的话,如鲠在喉。

"我们,甚至在前一天仍然确信,他还会像以往任何一次那样——有惊无险地回到家,并且跟我们抱怨,去医院对他这个老病号来说,都是多余的。"阿朱哽咽诉说着,泪水掉下来,落在前胸的毛衣上,一颗颗发亮。

父亲给两个女儿取名"健"和"康",便是父亲一辈子最大的愿望。老人生前说,自己如果能活到70岁就是奇迹了,竟然还多活了10年。10年里,除了去医院,父

亲从未离开家一步。

每天除了看电视新闻，就是埋头摘抄做读书笔记，这是他与外部世界交往的唯一途径。

阿朱的工作太忙了，她做文字工作，时常加班加点。新媒体时代，文字更加碎片化，三天两头有人找阿朱，她怒起来，就想甩掉手机。

"我想辞职照看我爸爸！"一个月前，阿朱对单位领导说。

医院出的检查报告更让人愤懑——胃癌复发，扩散。

"每想到当时的情形，我就悲伤到无法自已。"阿朱说。

人到中年，阿朱已进入单位中层干部序列，特别在乎今年要提拔干部的考察，在父亲病重前，她也犹豫过，不就是一个处级嘛，争取一下还是放弃，有那么重要吗？

事到临头，阿朱还是犹豫了。45岁的自己，不甘心在工作上落于人后，单位里这么多碌碌无为的人被提拔了，自己也算能干，还是要抓住机会，向上晋升。

父亲的病情比想象中来得更凶猛。这让阿朱踌躇不前。

"小健，你怎么还在咳嗽，要当心……"这是父亲生前对阿朱说的最后一句话，犹在耳边。阿朱父亲最后选择在 S 市最好的晚秋季节，永远地离开了这个世界。

父亲去世那天，阿朱在单位和同事一道正在整理与改革开放 40 年有关的照片，准备出画册。接到父亲噩耗的电话，她作为女儿没有陪在身边，而是在工作。她两耳嗡的一声。恍惚中看见同事给她的照片样张，那些黑白相片里的改革开放初期的脸，仿佛都变成了父亲的脸，阿朱一下子泪崩了。

父亲是 1949 年后第一代知识青年，参过军，当过技术人员，十年"文革"下放"五七干校"。改革开放那一年，阿朱 4 岁多，家里又添了一个妹妹。阿朱不记得父亲平常是怎么生活的，只记得那时很苦，什么都要凭票供应。20 世纪 80 年代，家里有点粮票，父亲就给姐妹俩买根油条，掰开，两个宝贝女儿一个人分一半吃。

"那时可能是太饿了，一直吃不饱，还记得要跟妹妹抢着吃，我经常埋怨父亲，因为家里有了妹妹，姐姐的地位就没了！"阿朱回忆。

可能是半根油条和饥饿的童年太令人伤心，长大后，

第五章　女儿还是全家养老的主力军吗？

阿朱和家人疏远了不少。父亲母亲把自己嫁出去，好像"泼出去的水"，妹妹一直没有结婚，在家陪伴父母。阿朱就沉浸在自己的三口小家里了，连看望父母的时间，也是放在脑后。

时间的航船，好像加了马力，这些年，人的生活富裕了，阿朱的三口之家也慢慢有了积蓄，靠贷款买了新房，但和父亲走得若即若离。

父亲60多岁时体检查出胃癌，后来发现胰腺也有问题。阿朱感觉心里好像被重击了一样。

"父亲省吃俭用，主要是为了两个女儿，那时家里不富裕，口粮紧张，估计就是那时又累又饿，积劳成疾。"阿朱自言自语分析。

也许是上天眷顾，第一轮胃癌手术成功，放疗、化疗，再化疗，父亲胰腺的问题也缓解了。

"就在我想松口气的时候，母亲得了老年痴呆症。真是祸不单行。像我这种平时跟老人说话很少，总用'钱'来说话的姐姐，可能也是少见吧！"阿朱回忆起当初后悔不已。

母亲的看护任务、父亲的康复任务都压在了妹妹肩头。

一年前,阿朱父亲的病再度复发,老人拉着阿朱的手许久。这才让这个家中长女有所触动。

最近,与父亲病重确诊的同时,还有患老年症的母亲忽然走失。阿朱托人托关系找到了广播电台,四处寻人,才在秋天的深夜,从市郊的派出所领回了母亲。

阿朱说:"假如给我3天时间,我一定辞职,天天陪着你们。"

但一切变得有点晚。不久后,父亲去世。

当2019年的新年焰火腾空而起,阿朱的两行泪再度滴落在毛衣上。"爸爸妈妈,你们辛苦了!请给你们的女儿再多一次机会。"

议一议

自古忠孝难以两全,而当今社会,人们不一定为"忠"困住"孝",却会因为繁忙的工作忘却自我,更忽视家人。故事里的阿朱就是这样一个姑娘,她的人生近乎完

美，但同时作为一个工作狂，阿朱停不下来，当她看到父亲日渐苍老的面庞，想起儿时父爱给予的欢愉，妹妹出生后尴尬的家庭关系，她显得无能为力。

"辞职赡养老人。"是近年来互联网上流行的新话题，阿朱作为故事的主人公没有做到这一点，或许是职业女性对事业有成的依赖，或许是旋转的车轮真的很难为身边的亲人停下来，也或许只是为了钱！钱！钱！

还有一些中年女性正在讨论财务自由的话题，"假如财务自由，我就多陪伴家人""假如财务自由我就可以为爸妈做更多事情"，但大多事与愿违。总之，在如何平衡好事业和赡养老人的问题上，做女儿的面临更大压力、更多难题、更深的困惑。如果拨云见日，做出最适合自己的选择，还需要女性在天平的两端学会取舍，才能对家人真正无悔，到那时"假如给我3天，我一定陪伴父母"的故事会变得少一些，痛得轻一点。

故事 3

不是女儿，胜似女儿

这是一个孤儿报恩的故事，20 世纪 50 年代末 60 年代初，南方大城市的弃婴数量上升。在这些孤儿中，有本地的，也有很多来自周边贫困省份的。这些孤儿，有的身上留下了名字和某些记号，也有很多没有留下任何标记。

在王庚的记忆里，他一直想找回妹妹："被送走的孩子，有可能会被条件更好的人家收养了。当年父母真是迫不得已，为了孩子活命啊，还有什么比骨肉亲情更难割舍，我妈妈把妹妹放在医院后，回来一直哭。"

当时，为了帮这些在保育院里的婴儿改善营养，主管妇女儿童工作的中央领导决定"把孩子送到草原上去"。

2000年以后，当年这些婴儿都已是不惑之年。他们中凡是活下来的，大多有一段草原记忆。

其实，那个年代，内蒙古牧区草原也正遭遇严重困难，不少乳品厂都停产了。但有关方面当即决定向南方大城市紧急调拨奶粉、炼乳、乳酪。光调拨物资不行，随着时间推移，中央决定将这些"国家的孩子"转移到草原，争取"接一个，活一个，壮一个"。

内蒙古与南方大城市，可谓关山远隔，而且沿途气候多变，对于这些大部分营养不良、患有各种疾病的孩子来说，不是一次简单的南北大搬迁。

1960年4月，最先到达南方的是包头的接运人员，负责首批100名孤儿的出塞任务。在这100名孩子中，1岁以下的有20人，最小的只有几个月，大部分孩子身体素质较差，这一路运送之艰辛很难想象。出发时，为应付北方的气候，南方大城市的民政部门为每位儿童准备一套棉衣，铁路部门专门腾出一节车厢，挂在列车的最后面避免与旅客混杂。

这些婴儿都有共同的母亲——"草原额吉"。多年以后，当王庚通过寻亲访友最终找到去到内蒙古的妹妹时，妹妹已经深深爱上了这片土地。妹妹的名字叫张蒙，内蒙古的蒙。姓张是随她的"草原额吉"姓。

王庚妹妹的故事要追溯到数十年前，当时张凤是内蒙古自治区某旗的一名卫生员，在领养孤儿的过程中，最后还剩6个比较大的孩子，征得丈夫同意，她把这6个孩子背着抱着都领回了家。

在困难时期，要想养活6个孩子，谈何容易，张凤为此累弯了腰，一次旗粮食局给他们发放30斤大米作救济粮，张凤就步行去旗政府背粮，一路大雪纷飞，差点冻死在路上。她自己虽然没什么文化，但却倾力给孩子们创造学习的条件。"文革"时期，几个孩子从火堆里刨出两大捆书，张凤就逼着他们在家里读书，还给孩子找来老师辅导。

在照料张蒙长大的几十年中，张凤因操劳过度，积劳成疾。

王庚在说服妹妹回到上海的问题上，与妹妹产生了很大分歧。张蒙认为，自己虽然生在上海，但是生命是"草原额吉"给的。自己虽然不是亲生女儿，但是胜似亲生。

第五章 女儿还是全家养老的主力军吗？

张蒙读书到了北京学医，后来坚持申请回到旗医院工作，在当年"妈妈"工作过的地方当一名医生。她对亲哥哥王庚说，"我的命是草原妈妈给的，没有理由不孝顺这片草原。"

与张蒙一起长大的另一个娃娃叫张琪，她后来成为当地享誉一时的蒙古语民谣歌手。张琪说，除了赚钱给草原妈妈，更重要的是陪伴。2010年以后，她放下手中赚钱的活儿，直接回到了旗上，与张蒙一起侍奉张凤老人。虽然孩子们都叫张凤"阿姨"，但感情比母女还亲。

在张凤去世后，张蒙、张琪给"阿姨"立了一座碑，墓碑上写着："母亲张凤之墓"。在坟前，他们终于叫了她一声妈妈。"我们就想让世人知道，这里安息着一位多么伟大的母亲。"王庚和张蒙、张琪，一起到坟前深鞠躬。

议一议

母亲施恩，女儿图报。在特殊年代留下的一段草原养育弃婴的传奇，张蒙和母亲张凤的故事，将赡养老人的责任义务扩大到养子女的视野里。现实生活中，不是每个养子女都能善待老人。特别是针对曾经施恩于自己的长辈，有人嫌弃养父母的贫寒，拂袖而去，投奔有钱的亲父母出人头地；也有人为养父母留下的真金白银、唇枪舌剑；但也有人，女不嫌"母"贫，一门心思要孝敬老人走到人生的终点。"不是女儿，胜似女儿"的故事，在今天的社会里，并没有减少。如果说发生在内蒙古的知恩图报故事，只是一小部分，更多的则是在当代都市里，养子女主动为养父母尽孝心。

专家认为，在法定收养关系中，养子女一方有其应尽之义务。尽管不是每个养子女都能做到孝敬养父母，但随着社会进步，养子女孝敬养父母的故事会不断增加。

故事 4

警惕！"啃老"也有新花样

在这座城市里，60 岁还在开出租车，而且是女司机的人特别少。申兰师傅算其中一个。她是三峡移民，十多年前来到上海崇明安家，跟着一群老乡一起加入出租车司机行列。每天早出晚归，都是为了 35 岁女儿。

35 岁的沈小敏已经记不清从哪一年起，和妈妈的关系一直紧绷着，好像一根快断了的弦。

沈小敏是个空姐，虽然现在年龄接近"空嫂"了。论收入，比开出租车的母亲申兰好很多。

申兰经常对小敏说，当初执行计划生育，小敏的弟弟、妹妹都没有机会降临人世。小敏却给了一句狠话——

第五章 女儿还是全家养老的主力军吗？

"当时你们要是真给我生个弟弟、妹妹什么的，也不至于养老只靠我这一女光棍吧！"

只有小敏自己知道，工作的扁担这头是真的自己挑，而生活上，越长大却越依赖母亲了，但就是这样，再依赖，这关系还是处不好。

沈小敏与母亲申兰一见面，三句话就开始抬杠，大多是生活中鸡毛蒜皮的小事，比如"洗衣机的门怎么又忘记关了""送来的早点太甜了"……

"真正两头挑着这个家的是我！"申兰语重心长地说。

"妈，你又在叨叨什么，我上班迟到了！"沈小敏这么有意无意地"打发"了母亲的又一次试探性诉苦。

沈小敏对家庭养老问题的"鸵鸟性格"已经不是一天两天了，她表面上应付着日常，一周去一次父母家，点头哈腰，但更多的时候以自己太忙推脱各种事务和责任，反正有贤惠的母亲担着。

母亲申兰还供着沈小敏的租房费用。她数了数，女儿每月要取走2000元，有时还要零花钱，大多数时候一个月取走4000—5000元。

161

申兰有些绝望。"啃老"真的发生在我身上。她算了一笔账，女儿的开销主要在买奢侈品、社会交谊等。

有一次小敏更加变本加厉了，跟母亲要1万元，说是过节花销。申兰好奇，就趁着女儿不注意，翻查她的手机微信。不看不知道，一看吓一跳，女儿哪里是买奢侈品，其实是通勤出差飞澳门航线时，迷上了赌博。

令申兰更吃惊的是，小敏日常花销大还与她现在交的男朋友有关。男友和小敏在外面同吃同住，租房的钱是小敏出，日常开销也是小敏付。

"这真是养了一对白眼狼了，不仅要养女儿，给她吃喝，让她开心，还连男朋友也不能自立，也要我养。"申兰边开出租，边郁闷。

直到有一天，申兰疲劳驾驶，出了事故。

等沈小敏赶到医院时，申兰已经进了手术室。爱赌爱玩的小敏这一下有了当头棒喝的感觉。

"我不是故意的，总让家里老人操心，关键也不是自己养不起自己，是很想刷存在感吧。"沈小敏后来对社区社工说。

嗜赌成性的她在母亲开出租车事故后，依然不罢手，相反在一次飞澳门途中忍不住对飞机上乘客的行李下手。虽然是偷窃未遂，但事后当事人报警，很快查出了沈小敏的作案动机。

社区社工在跟踪沈小敏案例后发现，"啃老"是这个原本收入稳定的家庭走向破裂的主要原因。

沈小敏在被羁押过程中忏悔不已，"不是没有钱，而是就想花父母的钱，这是不对的"。"如果给我机会，我要反省，重新来过。"

躺在病床上的申兰回忆，这个孩子如此受到家里人眷顾，与沈小敏出生时，自己难产有关，乡里乡亲都特别关注孩子男女，后来发现是女孩就没那么多人关切了，直到孩子出生的那一刻，顺产遇到困难，在选择要剖腹产还是坚持顺产的问题上，申兰和丈夫举棋不定，最终拖延了时间。因为沈小敏出生时就"先天不足"，于是后来周围朋友都对她格外宠爱。

沈小敏说，自己虽然不是"含着金汤匙"出生，但也可以说是带着父母和周围人浓浓的爱出生的，但是当爱字前面加上宠，变成"宠爱"的话，沈小敏觉得自己正是被"宠爱"给害了。

议一议

"啃老"与"被啃老"是对相伴而生的难题。

社会生活成本的高涨，是否能成为年轻人"啃老"的理由？"被啃老"者是否带有一种逆来顺受、宠溺过度的问题呢？

故事中的沈小敏和妈妈申兰的故事具有惊醒作用。一方面，充满诱惑的现代都市生活让很多从小娇滴滴的女儿犯了"公主病"；另一方面，含辛茹苦的家长对"公主病"也是态度不一，有人从严管教，把独生女的"小姐脾气"在成年之前就踩了刹车，但更多人是溺爱、纵容。

上海的青少年社工群体通过长期跟踪调查发现，女性在青春期涉嫌刑事案的极端案例，有半数以上与父母儿时的溺爱有关，多达八成的女性刑事犯罪记录者，在触犯法律底线之前就是家中的"公主"和"女王"，"啃老"和"被啃老"在这类家庭中异化成为"过度依赖"与"过度宠爱"。

法学专家提醒，纵容"啃老"现象的家庭，往往自身存在结构和心理上的缺陷，及早治愈和纠正这些结构和心理上的缺陷，才是阻止子女误入歧途的"解药"。只有从源头上化解问题，一些困难家庭或者是结构不完整的家庭，才能更加阳光、更加健康地妥善解决好代际之间的养老问题。

第五章 女儿还是全家养老的主力军吗？

故事 5

老人有老人的活法，我低估了我的父亲

年过九旬张永青和年过六旬的女儿张茜分开住。

张茜总是担心父亲有这样那样的病痛，没人照顾。

"甭操心，你老爸精神着呐！"这句话张永青常常挂在嘴边。

张永青出生于 1928 年，是黑龙江省佳木斯市人。1949 年他跟着解放军步行进入沈阳市，学了兵器加工工艺，再到北京市，在一家国营水泵厂负责机械加工。他最大的爱好是组装机械。

退休 30 年，头十年张永青和老伴凑合着过，后来老伴病逝，张永青开始想办法自己找乐子。于是，他在家重操旧业，开始摸索着组装各种机械。

张永青自称是"发明家"，已经发明了"陪护型双人电动代步车"，这是一种由传统轮椅改造的、由电池驱动的代步车。他通过个人的技术改造和升级，把传统轮椅变成能便捷上下公交车、出入地铁站的代步工具，并为北京、上海等地的多家轮椅厂提供技术服务。

"每次接到订单，我都是手工下料加工，然后送到天津一家工厂焊接和喷漆。"他说。

张永青的"事业"，让张茜不能认同。

张茜是某大学的副教授，也已经退休。女儿和父亲都处在退休状态是近年来社会上才有的现象。

张茜说：有时候，我们可能真的低估了我们的父母。

张永青不要张茜为他养老，他每月7000元的退休工资花得刚刚好。加上自己组装改造这种代步车，卖到北方多个大城市，还能赚不少零花钱。

张永青说，自己和女儿最大的矛盾是要不要续弦。

几年前，他和自己助手闻女士好上了。但女儿反对。因为闻女士只比张永青的女儿大三岁。

"我最需要的是有个伴儿,这些需要女儿没法子给我,但续弦的老伴儿却可以。"张永青说。

张茜担心父亲现在住的国企分配房,今后会被"后妈"闻女士给占了。

而张永青认为"一定不会"。他的理由是,现在养老我也不花女儿一分钱,到时候这房子归谁还不一定。

后来,张茜和张永青找了张茜之前工作的大学的法学教授咨询,又到法律援助部门申请调解。最终,张永青签下了一份与闻女士的婚前协议,以解决财产分割的难题。

"不能等着儿孙给我养老!"张永青斩钉截铁地说,"子女们也都60岁出头了,各过各的,照样乐呵。勤劳才是长寿秘诀。"

张茜则感慨,自己对固执的父亲无能为力。"我不能接受父亲续弦,但又担心他没人照顾。如果我来照顾,那就是老年人照顾老年人,多凄惨啊!有时候我觉得,我们低估了父母的能力,他们其实可以把自己的日子过得更好。"

议一议

中国正加速老龄化。截至 2017 年底，中国 60 岁及以上老年人口有 2.41 亿人，占总人口 17.3%。这个群体相当于两个日本的人口。国际上一般认为，60 岁及以上老年人口占人口总数达到 10%，即意味着进入老龄化社会。中国从 1999 年进入人口老龄化社会，到 2017 年，老年人口净增 1.1 亿，其中 2017 年新增老年人口首次超过 1000 万。

十九大报告指出，积极应对人口老龄化，构建养老、孝老、敬老政策体系和社会环境，推进医养结合，加快老龄事业和产业发展。十三届全国人大一次会议批准国务院机构改革方案，保留全国老龄工作委员会，日常工作由国家卫生健康委员会承担。

张永青的独自养老观，正在变得流行起来。对此，女儿张茜显得无能为力。一方面对于高龄老人而言，女儿的年龄也逼近中老年了，多数生活自理能力尚可、社保齐全的高龄老人更期望"独自养老"。另一方面，由于社会加速发展，家庭代际差异和代际心理区隔加大，60 岁的女儿与 90 岁的父亲未必就有共同语言，未必就能生活在同

一屋檐下。

近年来随着中老年人的自我法律意识觉醒，更多的中老年人乐意诉诸法律咨询机构解决家庭事务中的"疑难杂症"。像张永青这样一个在80多岁时考虑再婚的案例，并不多见。这种情况下，如何善于运用好法律武器，维护好个人的合法权益，对张永青和直系亲属都是重大事件。

好在故事的结尾，通过司法部门和调解机构，张永青续弦一事以婚前协议作为解决方案，这也给了同样面临老来婚姻困扰的中老年人及其子女一条解决之道。

作为女儿，60岁的张茜，是家庭关系中顶梁柱，她的儿孙辈同样将迎来赡养她的新挑战。是独自养老，还是选择几代同堂式的居家养老，抑或是去养老院，等待着女儿张茜的还有更多挑战。

TA YU JIA

CHAPTER 06 第六章

生命的「最后十公里」，
女儿如何陪伴？

生老病死，是每个人生命中都绕不开的话题，女儿尽孝更是如此。当父母及家中其他长辈走到人生的"最后十公里"时，女儿又该如何陪伴？一些人认为，应当遵循中国传统孝道，对父母言听计从；也有人提出，现代社会要适当、有度地尽孝，关键是要"活出自己"。但往往"理想很丰满，现实很骨感"。

"长辈希望女儿出面为自己安排后事""女儿为长辈养老出钱或支着""女儿希望父母立下明确的遗嘱"，等等。无论你是四五十岁的女儿，还是七八十岁的女儿，黑发人送白发人，还是白发人送白发人，女儿应当有智慧也有能力，陪好长辈最后一程。

故事 1

骗子的手伸向急于尽孝的女儿

第六章 生命的「最后十公里」，女儿如何陪伴？

墓地，买？还是不买？

45岁的张伊算是一个"小中产"，小时候跟爸妈在城乡接合部，过的是苦日子，现在和丈夫在城里做起了微商生意，跨境代购奢侈品，在圈子里有点小名气，过得也算风生水起。

但生意场上见多识广的张伊，也有"打眼"的时候——骗子的手，伸向了急于尽孝的她。

张伊说，自己根本没多留心眼儿，就是怀着一份孝心花大钱给家里老人买块墓地，结果被骗了。

起初，是一两个貌似"无心"的电话。"喂，张女士

吗,我们这里年终大促销,冬至前三天,墓地折扣全年最大。这种嘛,毕竟是阴宅,淘宝和京东保证买不到的。也就是为老人好,才要买呀,现在阳宅阴宅一起涨价,赚的就是这个差价,现在买保值又实惠,晚一天价钱又涨上去,后悔的还是你。"电话那头一个有着上海地方口音的中年男子说。

  联想到父母年事已高,自己的公公婆婆前几年都已经自掏腰包办理了墓地事宜。一个大家庭,就差自己父母还没买,他们对墓地的需求,其实也是近在眼前了。于是选了冬至前的一个周末,张伊就根据电话里这位推销员宋先生的提示,带着父母一起去郊区看墓。

  一家三口驱车到了市郊,跟着宋先生一路径直往墓地里走。走了大约十五分钟,这个推销员停在了一片面南背北的水泥空地前,大概40到50平方米见方,周围都是其他有主墓地。宋先生得意地吹嘘:"新墓碑就要竖起来了,现在预订还可以享受优惠!"

  看着场面挺大,张伊的父母还讨论了一番,双穴还是单穴,哪个更好一点。自家父母都是好脾气,买墓地好像

"买菜"似的，计较的也就是几万块钱的市面差价。当对方声称夫妻双穴可以再优惠两万元时，老两口眼睛亮了，连声说好，张伊孝顺心切也就没再多说、多问、多想了。

其实张伊还是有点不放心：宋先生只是通过打电话找到了我和家人，他有墓地经营资质吗？他要钱要得那么急，是不是另有隐情？

转过来就是新的一周，张伊又忙着自己的微商生意，也就没有多想，也没有再和其他家人讨论。耐不住父母的催促，她把准备用于给老人购买墓地的22万元通过银行打给了宋先生的私人账户，请他帮忙代为办理购买手续。

起初的担心，在钱一出手的那一刻就化为了现实。那位宋先生起初还在电话里支支吾吾过几句："钱一到，马上办。"但第二天开始就再也不接张伊的电话了。两周时间这位宋先生杳无踪迹。张伊和爸妈既没有办理墓地过户手续，钱款和销售员都不见了。无奈之下，张伊只能报警。

"这是诈骗！"报案后，张伊从区检察院了解到，那个宋先生冒充墓地销售人员，打着可以优惠价购买墓地的幌

子，骗取多名中老年人钱款，用于赌博。日前，有关部门以涉嫌诈骗罪对被告人宋某提起公诉。

这时宋先生的身份才水落石出，原来，他是一名赌徒，经常出没于上海与澳门之间。过去几年，在急缺钱用的情况下，这位宋先生假装成墓地销售人员，一通电话就能骗取中老年人信任。张伊孝顺爸妈的22万元，还要靠公检法机关追回。

议一议

周围的朋友都有相同的感受，现阶段以老年人为目标的诈骗案发生率不断攀升。往往一通电话、一条短信、一个微信群，就能"带歪"我们的爸妈。作为家中"小棉袄"的女儿再机灵，有时也抵挡不住诈骗团伙的迷惑。如何帮助糊涂爸妈去伪存真，成为这个社会对女儿角色的新要求。

一场围绕墓地的诈骗案说明子女们的孝心正在被犯罪分子所利用。毋庸置疑，在父母眼中，女儿比儿子更细心，女儿有时更乐意在父母身上花钱。故事中的张伊就是

"小中产"中敢于为父母掏钱的女儿,孝心可嘉,但预防诈骗的眼光和技术却还有待提升。

调查显示,父母与儿女一同受骗,在大中城市的案发量更高。原因在于,乡村的"空巢"化导致女儿想要回到父母身边讨论如何花钱养老这件事,变得难了,而且有时即使有心也无力。但大中城市不同,一般同城生活的女儿一周或者两周要与父母见面。张伊就是在这种情况下与父母一起受骗上当。

"被告人宋某以非法占有为目的,利用虚构事实、隐瞒真相的方式多次骗取他人财物,数额特别巨大,其行为已构成诈骗罪。"检察机关工作人员提醒,尤其是中老年人,在花出每一笔血汗钱时,儿女们也有责任为父母把关,只有全家上下注意提高警惕,增强法治观念和安全意识,掌握更多甄别"李鬼"的能力,才能避免上当受骗,才能更好地保护老年人的合法权益。

故事 2

"养生"：女儿与爸妈的最囧话题

自从母亲安装了微信，学会了转发，在省城工作的王凡就再也没消停过。她经常在早上六七点钟就收到母亲微信的"骚扰"。她觉得母亲转发的这些东西是多余的，她早就开始不看了，更不会转发。

"鸡汤式的网文、中老年结伴旅游的攻略，大部分还是有关食品安全的。这个不能吃，那个有毒、致癌。或者某某东西一定要多吃！"王凡说。起初母亲给她发这类文章的时候她还看一看，回复一句"看到了"，后来索性连回复都不回复了，任由母亲转发，结果隔几天就会在微信里攒很多从未点开的链接。

和很多女儿一样，面对母亲的养生微信"轰炸"，王凡已经麻木了，甚至有时候几天才回复一句，有时只是回复一两个词——"嗯""好""忙，回头说"。

2017年春节后，已经返回省城准备开工的王凡，忽然发现母亲的微信比平时少了很多。不仅养生食谱和养生健美操的链接少了，而且其他嘘寒问暖的微信也少了。

元宵节恰逢周末，王凡忍不住往家打电话，没有人接。

她心头一紧。"微信控"的母亲不在家，准"微信控"的父亲也不在家？

于是，她又拨打母亲的手机号，依然只有铃声响，没有人接。反复试，试了三次依然没人接。"难道老人的手机丢了？也不像，不敢往下想。"王凡后来回忆。

这一天下午，她又试着打父亲的电话，拨到第三次的时候，耳畔传来父亲的哽咽声。"你妈高血压，上压180了，降不下来，你快回来！"

王凡顿时吓傻了。两天后，当王凡赶回镇上，在乡镇卫生院见到了正在那里做康复治疗的母亲。

"她平时就不该信那些微信上的养生法，刚开春，还

没出十五,就到处练倒走,走太猛了,在公路边上遇到开过来速度太快的车,一晃神就跌倒了,被救到医院,还好只是皮外伤,但是血压升高,怎么也降不下来。"父亲向王凡解释。

王凡后来得知,母亲是在模仿微信朋友圈里建议的"倒走神功"时,在镇上的主干道上没有注意交通规则,最终跌倒,诱发了高血压。

王凡从学校请假回家,花了几天时间劝母亲戒掉手机"网瘾":一是不要盲目跟着一些链接"练功",不注意维护公序良俗;二是也不要轻易相信一些提成高的保健疗法和保健品,它们往往只是"看上去"很美,最终化验出的成分或许一无是处。母亲满口答应:"微信我很少用的,今后手机也要少看。"

就这样,在请事假照料了老人近一周后,王凡又回到城里上班。

但又没过久,大约半个月有余,王凡又接到了父亲的"求救"电话——你妈她又着迷了,这一次还是一种带"点火"的中医疗法。"不小心烧伤了自己的手,病去如抽丝，这下又得休息好一阵。"

王凡回忆，当时母亲迷上"倒走神功"时，还被乡里乡亲的小姐妹拉进了一个保健品的推销圈，每卖出1000元保健药，就有400元提成，所以母亲对此笃信不疑。

原来，因为"倒走"而"倒下"的王凡母亲，在微信上"消失"的几周时间里，就靠吃自己推销的保健疗程和保健药试图复健。但这些药其实一直很难起效。

"有病要跟医生问诊，最好是上省里瞧瞧病，别都着迷你的微信。"王凡的父亲对母亲说。

王凡再次从城里赶回镇上的家，她和王凡父亲联手规劝，希望"拯救"母亲从手机不离身的网瘾者，逐步回到"现实中"。这时，王凡为母亲算了一笔账，因为推销所谓的保健疗程和保健品，母亲投入了两万余元的个人积蓄，而今因为中风及康复治疗，不仅两万余元追不回，保健品还变成了一堆毫无用处的假药丸。

随后，再次回到工作岗位上的王凡更加牵挂家里长辈。"当初如果看紧一点，或许不会有今天。"王凡感慨。作为计算机系的高才生，王凡打算开发一款专门帮中老年

181

人戒断"网瘾"小程序。

议一议

来自某省级报纸的抽样调查显示，中老年人的微信"朋友圈"，受追捧的食品养生消息，7条有5条是谣言。故事中的王凡母亲就是这些误导信息和假信息的受害者之一。他们既沉迷于微信的健身秘笈和方法，又不注重科学健身；既跟风参与推销提成，又深深陷入假药、假疗程、假处方的骗局中。

"速转！十万火急！！！""各位家长注意了，这个东西千万不能喝！""不是吓唬你，七点以后不要再吃它了！"这样标题的内容在一些中老年微信群中不断地滚动，产生耸人听闻的转发量和点击率。

面对老年人在手机端网瘾形成初期的各种困惑，孝顺女儿不该以"忙"为理由，不闻不问，而应及时沟通，教会阅读这些信息的老年人如何提高警惕，防患未然。在运用法律武器保护自己和家人的同时，女儿自身使用网络的能力和知识水平也应不断提高。

其一，女儿要考虑家中老人的心理需要。在有关食品安全的话题上，年轻人和中老年人的态度有明显差异。调查问卷中，50岁以上的人88%都表示关注食品安全，41岁至50岁的有39%，年轻人则在14%左右。

其二，要充分认识到，老年人的网络甄别能力较差。他们往往容易轻信，觉得微信里分享的不会有假。此外，情感倾诉的需求和行为，也导致老年人更易在手机端上当受骗。出于对亲人的关心，子女一辈人应当尽可能帮助父母们识别这些骗局、陷阱，这也是新时代对女儿的新要求。

故事 3

人生最后那点事，女儿如何跟爸妈说？

若凡是个事业有主见、家务事没主见的独养女儿（独生子女）。结婚 10 年一直住在婆家的她，有事时跟婆婆曹金娣商量得最多，反而跟自家爸妈有点生疏。

婆婆曹金娣是个商场上的厉害角色，对左右邻里她还有句"名言"——你不理财，财不理你。很多人夸曹金娣，要不是那些年耽误了学习，她应该是个更能干的女强人。因此领导个小家，对曹金娣来说，绰绰有余。

平常过日子，若凡在公婆家，也算是"衣来伸手，饭来张口"，她和丈夫除了日常工作和孩子接受教育这些事自己定外，其他生活上的细节，并不是自己拿主意，而是听婆婆曹金娣的。

最近，若凡有了点烦心事，她还是想跟婆婆说。

若凡的父亲因为单位体检检出肺部阴影到某三甲医院复查，医生告诉若凡，她父亲的肺部阴影可能不是陈旧性的感染病灶那么简单。化验结果显示，肺部的肿瘤为恶性的可能性较大。

"房子，车子，票子，都重要，这些我怎么好意思跟自己爸妈开口，我其实很想说动阿爸姆妈（上海方言：爸爸妈妈）立一份遗嘱。"若凡一脸苦闷地向精于理财的婆婆请教。

原来，若凡虽然是家中独养女儿，但父亲是二婚，在此之前，父亲曾经有一个儿子。只是在早年离婚时，儿子的抚养权判给了女方。最近，素未谋面的哥哥又出现了，而且跟父亲手术还是"前后脚"。

"我心里还是有点小阴影的，也许不知道什么时候，我那个同父异母的哥哥会再出来争财产。财产就是爸爸名下的两套房子。"若凡告诉曹金娣。

说着说着，若凡的声音越来越小。精明的婆婆眼睛转起来："说，当然要说，你怎么都要练练自己的胆子。"曹金娣这个当婆婆的，"小扇子"扇得呼呼响。

若凡仍在犹豫，她在大学本科时辅修过法学，成绩还不错，对法律上的遗嘱遗赠一类的事情，比较清楚，加上自己是公务员，日常工作就和一些法律界人士有交集。她知道立遗嘱本身不是难事，关键是怎么向父亲母亲开口。

曹金娣对媳妇家立遗嘱的事情显得有点热情过度。就在若凡告诉她心事的第二天，趁着儿媳妇到医院陪护父亲的当口，曹已经在盘算这样的遗嘱能为自己的儿子带来哪些好处。

同一天，若凡父亲确诊为肺癌中期，癌症已部分浸润。若凡感觉五雷轰顶，把遗嘱的事情也完全抛在脑后。曹金娣却是"无事不登三宝殿"，她亲自要替儿媳妇撑腰，直接跑到某三甲医院找到了正在住院康复的若凡爸爸。

"今天我也是劝劝您，这些问题要想开，钱和房子迟早是孩子的，早些立遗嘱有好处。"曹金娣提着水果篮和鲜花到了若凡父亲床头，三句两句绕到了遗嘱。

这让当时正在陪护的若凡和她父亲都惊讶不已。曹金娣的"单刀直入"显然失礼了。若凡父亲在病床上就勃然大怒,挂着生理盐水的手,一挣扎腕部都开始冒血了。曹金娣也傻了眼,她觉得以自己的智商情商,不至于这么尴尬吧,但她还是感到了无趣和倒霉,就怏怏地走了。

晚上回到公婆家,若凡脑袋里依然是嗡嗡嗡的。她犹豫了一下,还是找了老公不注意的时候,跑到厨房跟婆婆继续"请教",但这一次是想请求婆婆曹金娣别干涉自己家的事情。

可曹金娣却还没有意识到她在媳妇家庭遭遇的尴尬。她还想再指手画脚一下。

"为什么不说出来呢,我也是好意呀,是替儿媳妇出头。你家老爷子其实有一儿一女的,平时儿子就消失了,偏偏这么巧,最近又回来了。哪有这么巧的事情,遗嘱要立,财产当然要给我们若凡的。"曹金娣一大声,被自己的儿子、若凡的丈夫给听见了,还是做"三夹板"的儿子机灵,直接拉开了曹金娣和若凡。一桩尴尬的"跨门催立遗嘱"的闹剧终于停了。

几个月后，若凡父亲的肺癌手术顺利进行。在父亲放化疗的阶段，若凡又咨询了法律界的朋友。这次她吸取教训，要自己去面对自己家的一些困难事。朋友给了若凡不少建议，比如，找父母都在时进行一次长谈，跟父母提一些有趣的交换条件，让他们觉得自己的晚年老有所依、老有所养。

若凡第二次跟父亲谈论遗嘱时，请来了家中了解情况的叔叔婶婶从中调解，没多久，父亲和母亲在律师见证下订立了遗嘱，若凡小夫妻俩也在场。

过了很久，曹金娣还去跟自己的左邻右里解释，当初可不是我们家逼若凡他们家里立遗嘱，该怎么办就怎么办，最好还是按法律规定来。

议一议

做女儿的要跟父母商量一些"难以启齿"的事情，那是不是这些"难以启齿"的事情就可以跟"外人"商量？这个故事里的若凡或许就是触碰了某些底线。婆婆曹金娣有自己的小算盘，也是人之常情，但家务事就是家务事，有时候没办法"跨家庭"办!

资深律师提醒读者,遇到家庭内部的民事纠纷,首先是找到家庭内部的"和事佬"——权威中间人来圆场,而不是找律师,只要有基本的法律常识,大部分问题都可以迎刃而解。这也符合中国人自古有之的"厌讼"情结。

请"和事佬"也有讲究,如这则故事中的儿媳与婆婆,婆婆就不是最合适的人选。涉及遗嘱、遗赠等细节,若非当事人自愿,请来再能说会道的"和事佬",也可能事与愿违。

若凡遭遇的情况比较特殊,如果不请律师最终见证并订立遗嘱,是否还有更妥当的办法,有待商榷。在今天复杂多变的社会大环境中,应该说若凡对个人继承权的担心,依然是有一定道理的。寻找律师的帮助、调解等,只能作为预见到问题可能发生时提前设定的"防护伞",而真正的家庭矛盾,仍需"心病心药医"。

读者或许要问,若凡的那个"失散"多年的哥哥后来是否真的寻上门来要遗产,这个悬念则留待读者自己思考寻味了。

TA YU JIA

CHAPTER 07 第七章

网络社交新时代,如何做个好女儿?

过去是父母担心你"活在网上",现在是我们担心父母"活在网上"。

第 42 次《中国互联网络发展状况统计报告》显示,截至 2018 年 6 月,我国网民规模达 8.02 亿,互联网普及率为 57.7%;2018 年上半年新增网民 2968 万人,较 2017 年末增长 3.8%;我国手机网民规模达 7.88 亿,网民通过手机接入互联网的比例高达 98.3%。从日常通信,到网购、理财,再到网络娱乐社交,我们的父母开始"活在网上",虽然他们也许比女儿的学习速度慢一些,但却也毫不过时。

当女儿第一次给父母的朋友圈点赞,第一次用微信给父母转账零花钱或者红包,抑或是第一次晒出自己的全家福,在新时代这也是新的尽孝之道吧!

故事 1

爱你,从"点赞"开始

今年 102 岁的杨阿婆是这座城市的著名寿星。

她养老的秘诀是爱打麻将、爱吃红烧肉,以及爱玩 iPad。

几年前,微信刚刚诞生那会儿,杨阿婆就让女儿阿倩给她装了一个在 iPad 上玩。当时,女儿阿倩有点看不上这事:"这有什么好玩的,不就是聊天嘛,我天天跟你见面聊好了。"

阿倩自己也进入老年人行列了,真是高龄养着超高龄。

阿倩今年 80 岁,按理说自己也是在被照顾范围,不过为了时常能照看好自己的母亲杨阿婆,阿倩就租了村里

附近的平房住，跟母亲离得近一点也好。

后来发现微信聊天挺方便。阿倩和杨阿婆平常就在微信上你来我往，这样足不出户，也能相互有个照应。

开始阿倩不喜欢给自己的妈妈点赞。"都100多岁了，这个年龄还不安稳，还自己发朋友圈，发的都是好吃的，都是我做的，却也不夸一句女儿。"阿倩说。

杨阿婆心宽，从来不和这个"老女儿"计较，因为在她看来，女儿比儿子管用多了。她年事已高，儿子们纷纷有了第三代，作为四世同堂的家中的最长者，她反而没了乐趣。

阿倩膝下其实有一双儿女，都50开外，同样是儿子靠不住，已经出国，女儿倒是老实，就是这个年龄还没婚嫁。阿倩想想也心烦，但是儿孙自有儿孙福，女儿也是一样道理，不催就不催了。

阿倩的女儿是公司高管，平时忙到"飞起来"，最差劲的一点是，她不仅平时很少和家人联系，连阿倩的微信她都懒得回。

杨阿婆做102岁生日那天，阿倩和阿倩女儿都回家看望老人了，阿倩对妈妈说，你微信玩得太溜了，我好崇拜你；阿倩女儿则对外婆说，外婆我们俩加个微信吧，不过我实在没有时间回复你！

就这样三个人还面对面建了一个小群。

"点赞每一天！""美好的一天从点赞开始！"这次见面以后，每天清晨起床，有时候是天刚蒙蒙亮，杨阿婆就在床上给群里发信息了。然后，她还习惯把自己喜爱的早新闻都逐条转发。

"妈，既然外婆那么喜欢点赞和回复，你就帮她点一下吧！"阿倩女儿私信劝阿倩。但是阿倩真的没兴趣。

直到有一天，杨阿婆这个"神奇老太太"又在群里发话了，"阿倩呀，你们娘俩，要不开个'微店'吧，我看挺火的，我加的朋友里面，就有人在做'微店'。"杨阿婆一番话让阿倩母女惊讶不已。

这回阿倩很领情："姆妈，晓得了，听侬建议，我们商量看看。"

没出半年，阿倩和女儿在微信平台开了一家把乡下土特产品卖到全国的微店，销路虽然不温不火，但也还能赚

些小钱。

"没想到，微信还能改善我们母女关系。"阿倩女儿私下跟自己的小姐妹说。

阿倩和她女儿加起来也有130岁了，她们现在每天坚持给自己家的"老神仙"兼微信高手杨阿婆点赞。"谢谢外婆，从为你点赞开始，我们都创业啦！"阿倩女儿在自己的朋友圈炫耀家中的人瑞老外婆。没想到，没几分钟，外婆就回复了："你们都是好样的，我的好女儿和好外孙女。"说完杨阿婆还给自己的外孙女点了赞。

议一议

老人的网瘾究竟有多大？一些调查发现，老人对互联网的忠实度完全不输给年轻人。百岁阿婆爱玩 iPad，已经不是一件稀罕事，稀罕的是，女儿和女儿的女儿如何看待和处理这样的事。故事中令人惊喜的是，百岁人瑞杨阿婆，不仅"触网"，还精于网络之道。她不仅辅导儿孙辈从互联网上获益，还为他们找到了稳定的网络创业机会，这简直就是"互联网+"环境下的新奇迹。

社会学家提醒，要客观看待中老年人"网瘾"现象，适度引导他们从中获益，而不是简单粗暴地阻止他们。互联网给了普通人更加均等的信息触达机会，中老年人也有这样的基本权利，如果"触网"可以让中老年生活更美好，又何乐而不为呢？

当然也有不少老年人因为沉溺网络，影响身体，最常见的就是颈椎病、高血压等。如果真的因为上网顾此失彼，则大可不必。做女儿的还得帮助那些糊涂爸妈，从网络中走出来，与女儿一起过好实实在在的生活。

故事 2

"0.88"惹怒丈母娘？当好"夹心女儿"才是本事！

这是一个关于春节压岁钱的故事。如今，很多女儿给父母压岁钱，还有很多女儿为自己的老公包压岁钱给自己的公婆，或者是给自己的父母。反正是老公出钱，心意是女儿的，数字多少也得听女儿的。

这个故事的主人公却失手了。因为缺少了女儿，也就是他媳妇的"幕后指导"，小裴傻呵呵地在大年初一清晨给丈母娘发去了一条微信，和一个微信红包。"恭贺新禧，身体健康"，包微信红包时小裴显然是走火入魔了，只包了"0.88元"！

因为这个"0.88 元",这个春节对小裴来说就是一个滑铁卢。

丈母娘勃然大怒——"凭什么,过个节,只给 0.88 元?"

媳妇也怒了——"凭什么,不跟我请示汇报,只给我妈 0.88 元?当猴子耍吗?"

时下,中国亲友间的红包标准实在是水涨船高。往往听到逢年过节,小两口动辄"损失"几万甚至十几万,只为了应酬乡里乡亲的红包往来。

"0.88 元,确实有点少了,你以为是单位发红包,要同事玩吗?"媳妇继续数落小裴。

小裴觉得,这只是春节一乐而已,微信本来就不是啥特别正经八百的拜年途径。

丈母娘不理睬小裴,她转过身,直接一句话,"离了算了!"

小裴的丈母娘家,是一个离异家庭,每年春节小夫妻俩千里迢迢赶回西部城市给二老拜年,初一在丈母娘家,初二就要去丈人家,两个家都要包现金红包。

丈母娘直接甩手要女儿离婚,小裴不干了。"真离婚看看!"他甩手出门去了。

小裴媳妇也急了,想想自己32岁了,在"二婚市场"上大概也没啥竞争力吧,结婚4年,肚子也没动静,如果为了"0.88元"的微信红包离婚,听上去也是这年头一个笑话!

丈母娘继续赌气中。小裴没有闲着,赶紧到街市上买了好酒好肉抢先一步去"看望"丈人。一进门,就引起了丈人的注意——"往年不都是大年初二来拜年,今年怎么早了?""以前都是小两口一起来,你今天一个人来,啥情况?"

"报告岳父大人,有事您一定要给我做主呀,出事了!"小裴颤巍巍地跟老丈人汇报了情况。

"哈哈哈,原来这么点小事,不是事,大老爷们哪能对方说离婚就离婚,看我给你支几招。"说着小裴的岳父就要挪到酒桌上说事,小裴带的是五粮液,一看架势,就是不醉不归了。这一天也就先这么过了!

大年初二,从岳父家醒酒起来,小裴才发现自己的电话设置在振动挡了。三五个未接来电。绝大部分是媳妇打来的，不知道要说啥。

这时候，手机又响起来了，"喂喂，你个死人，死哪儿去了！一晚上不见人。微信红包的事，我妈说消消气，让你补她一个大的算了！"媳妇在电话那头下命令，小裴也是哭笑不得，朦胧中想起昨晚与老丈人推杯换盏，席间老丈人出的主意就是"躲为上策"，女人一着急就发脾气，这个时候"躲着就行"，越是论理越没用，还会激化矛盾。他一边努力掐自己几下，看看是不是真醒酒了，一边收拾东西，准备冲去银行提现金。

"这个春节太狼狈了，估计不是0.88元的问题，这得8800，或者8万的架势哈！"小裴自言自语。丈人在旁也还没醒透，半醉支着，"那就给1万，了事儿！"

大年初二半天工夫，小裴的婚姻从悬崖上扭转过来。媳妇也笑逐颜开："1万还行，我看往后就这么定了，每年1万，你得交出来。"小裴一脸尴尬。

论脾气小裴是单位里最好的，平时很少嗔怪别人，更别谈生气了，但提到这"0.88元"的烦恼，他依然有口咽不下的气。

"夫妻相处要有相处之道，不能总是一方给予，一方获取，美好关系需要平衡！"

2019年春节，小裴和媳妇再回西部的家过年，经过了"0.88元风波"，小裴和媳妇再次"和谈"，最终说定了"一人出1万元，包红包给对方父母"。

小裴手里摸着刚刚从银行点钞机上下来的1万元人民币，感慨万千。"希望往后别再'水涨船高'，乱开红包价了。"这是心里话，他不会让媳妇和丈母娘听见，丈人也一样。

议一议

0.88元，连1元钱都不到，却能引发联姻的两个家庭内部的轩然大波。小裴遇到的窘境，不是个案。据部分大城市抽样调查，春节期间夫妻双方回哪个家？红包里放多少钱？红包钱由谁出？这些都是争议排名最靠前的家庭问题。

小裴的故事，责任一部分在他自己，不了解彼此父母的脾气和喜好，很难当好称职的女婿。现实中，往往因为女婿处理问题的情商不同，同一件事在不同家庭导致的结果也不同。但同时也要看到，女儿在这个故事中相对比较隐蔽的重要性。

在翁婿关系、婆媳关系中，女儿的不作为，往往是导致事态恶化的"最后一根稻草"。一旦触发家庭间的原则性分歧，往往会引起夫妻双方两个家庭内部的摩擦，有些地方有的家庭间甚至产生不可弥合的矛盾，以至拳脚相加、利刃相向。

更有甚者，一些缺乏教养的"80后""90后"女性，纵容女方亲属向男方索要钱财物品，不仅违背了移风易俗的良好传统，有的行为甚至是违法的。法律界人士提醒，变相索要钱财，在民事关系中若处理不当，也可能发生纠纷，有的甚至导致个人和家庭的生命和财产安全受到威胁。如果婚姻关系一到逢年过节，就变成了人民币价格衡量的关系，则这样的婚姻关系存续，本身也是不健康的，甚至是危害社会的。

故事 3

"那个晒丝巾的大妈，不是我妈！"

严丽的母亲黄淑荣退休 3 年，特别爱旅游。每次旅游黄淑荣都会带上好几条丝巾，有时出门最多一次带了十条不同款式、不同颜色的丝巾。每到一个景点，她就把丝巾高高举过头顶，摆出与朋友圈里很多微信热门图片相似的动作，美其名曰"拗造型"。

严丽对经常晒丝巾照的母亲很不以为然。"再这样下去，我觉得我的脸都被她丢光了，简直就是累赘。"严丽起初只是不乐意给母亲的"爱秀"行为点赞，后来直接发展成母女两人见面都很少说话。几年过去，严丽不断减少回家看望老人的次数，黄淑荣越发觉得没意思。

有一天，严丽忽然改变了态度，黄淑荣也特别惊讶。

"女儿给我点赞了!""你看看她的朋友圈也不屏蔽我了。""我是不是要再多发几条朋友圈，然后@我女儿。"黄淑荣在自己的闺蜜那里喃喃自语。

黄淑荣匪夷所思，不知道女儿的变化，起因是为了什么。

就这样过了大概一个月，黄淑荣实在忍不住自己的好奇心，就挑了一个机会，在女儿回家时当面追问她。

"没有为什么，那些照片我还是觉得很难看，只是我不想错过给我妈点赞的机会。"严丽回答。

这让黄淑荣很意外——女儿这是长大了吗？又成熟了？还是周围发生了什么事？

黄淑荣带着迷惑不解，继续观察自己的女儿。

后来她发现，女儿每次点赞几乎都是在和她的同窗"别苗头"。

几年前一个偶然的机会，女儿带着黄淑荣到闹市中心看戏，遇到了大学同窗就相互加了微信，黄淑荣当时刚刚会玩这种新鲜的社交工具，出于好奇也加了女儿大学同学

的微信。原本以为女儿的同学在朋友圈不会太在意她，没想到自己不管发什么，女儿的同学都会点赞，有时候还会在朋友圈留言，甚至跟黄淑荣直接微信聊天。

黄淑荣努力挖掘自己的记忆，才想起，在大学里，身为独生子女的女儿和同窗，关系很一般，常会为了一些小事争吵，但踏上社会后，大家都发生了很大的变化，原本不太懂礼貌的孩子开始懂礼貌，有的人甚至在微信朋友圈也很讲礼貌，客气到足够把自己的女儿都比下去。

"那个晒丝巾的大妈，不是我妈！"严丽回忆，大约就在一个月前，自己与老同窗又在一个会议场合重逢。一个同学提醒她：你要多在微信朋友圈给母亲点赞，我总觉得点一次少一次，因为我的妈妈前不久去世了，她特别爱看我在微信里为她点赞。

大概是这些话真的触动了严丽的心，在反复思量之后，她开始为母亲点赞，并且翻看了过去约一年间母亲的所有动态，母亲每一条朋友圈，她都去点个赞，留个言。"丝巾挺漂亮""你如果换个姿势，这样拍更好""你想过吗，换一个颜色更美"，母女俩就在朋友圈你一言我一语，有声有色地聊开了。

严丽在补点赞的同时,也发现了自己的各位同窗很有耐心,平时在微信里几乎取代了自己,好像变成了黄淑荣的"网上干女儿"。

当严丽有机会再次见到这个同学时,她又忍不住多说了几句。"大概开始是因为"酸葡萄"心理,但后来我从你的点赞里找到了为自己家人点赞的动力,请你继续为我妈妈点赞吧!"

议一议

很多网友有相似的想法,看着那些"丝巾大妈"的照片,就觉得好笑,但再仔细想想,如果那些照片上的大妈就是自己的妈妈,还会有那么尴尬吗?现实生活中不是每个人都像严丽这样忽视刷父母的微信,但有时候却是在不经意间,错过了给父母点赞的那份享受。

我们往往宁可给从陌生到初识的他人点赞,却吝惜动一下手指,为父母点赞。即使不点赞,又有多少人真正经常留意长辈的朋友圈,去多看一眼呢?

严丽的故事略有些极端,她的那位同学仿佛是上天注定要来提醒这对真母女的。假设有一天,你发现"那个晒丝巾的大妈就是你妈",而"为你妈点赞的却不是你",大概你会跟严丽一样焦虑。

无论虚拟世界,还是现实世界,如果从今天起,对父母好一点,体会他们刷屏晒圈的感受,了解他们的各种心理需求,那么从今天起,我们与父母之间也就会面朝大海,春暖花开。

当然,也有法律界人士提醒,爱父母,也要为父母维权。如果父母和其他家中长辈不太懂得自我肖像权保护,女儿们行动起来,一定要对他们及时进行网络安全的知识普及,或者直接动动手指,为家人设置安全的网络应用空间。

幸福,从动一动你我的手指开始。

EPILOGUE 结语

未来女儿写给未来父母的一封信

女儿——妻子——母亲——祖母或者外祖母，在时空隧道里，回望2019年，身为"女儿"的我，想给您二老写封信。

从我呱呱坠地的那天起，你们就围着我转，我记不清我是否有兄弟或者姐妹了，反正那时你们的眼睛里只有我，起码我的眼睛看到的是如此。

当我十六七岁，世界瞬息万变，你们却在人生的辉煌或尚未辉煌的一瞬间，加速老去。头上多了银色，声音变得沙哑。

"18岁了，给我滚！"父亲严厉的声音从两居室的另一个房间里传出来。

母亲总是打着圆场，"她还是一个孩子！"

我在不大不小的一座城市里长大，混大学的那些年，家中的长辈就要求我完全独立。于是，我每周每月跟你们见面时，如同走过场，父亲不善言语，总是默默看报，母亲忙里忙外，唯一的羁绊就是全家人的一餐饭。

26岁从大学拿了硕士学位的我，把结婚证和毕业证同时放在了你们面前。"你们终于解脱了，女儿真正独立了！"

36岁，拖着3岁女儿的我，又一次回到你们身边求助——"不好了，婚姻失火，孩子没人带，父母大救星，一定帮帮忙；事业危机，女儿要被比女儿更小的女孩们取代了，父母大救星，一定帮帮忙！"

在社会上转了一圈的女儿，回了家还是觉得只有父母对自己、对家庭是真爱。

46岁，上有老下有小的我，正在帮患认知症的父亲换尿片，帮动了膝关节手术的母亲复健。

我的女儿和我小时候一样调皮，18岁没有到，我就对她吼叫"18岁了，给我滚！"

56岁，女儿没有像我当年那样勇敢，带着不知道哪国国籍的男友来到我面前，她宣布不会领证，她要出国，向往她自己的自由。女儿说："老妈，你注定孤独，你看看外公外婆，他们在天上笑你。"

66岁，很多可笑的事情继续在我身边发生，已经退休的前夫带着"小三"，不对，是他现任妻子——的死亡证明，来找我："帮帮忙，听说你跟民政局熟悉，她的家人想把遗体运回南方的老家。"

这多么年，我难得硬气一次，两个字，只有两个字——"走！你！"

我是女儿，我是母亲，我是曾经的"妻子"，我是女人，我就这么酷、这么拽……

76岁，我也患上了膝盖退化症，同时记忆不如以前了，我住进了养老院，拿着退休金，把自己名下的房子，租给这个时代的女儿们，赚点零花钱。

86岁，我的墓志铭上写着：来去匆匆，当你出门时，我还是个小孩子，归来的你，和重逢的那个我，都已是沧海桑田。

当我告别这一生时，我梦见，我的女儿和女儿的女儿，在我的身边，抚慰我。

在时空的长河里，在瞬息万变的今天，女儿"老不起"，"女儿"这个精致的辞藻，却又永远在那里等你……

所以，珍惜当下吧！当你回首往事时，可以交出一份属于女儿的完美答卷。

2019年2月

图书在版编目(CIP)数据

今天如何做女儿 / 许晓青，李明臻著. —上海：
学林出版社，2019.1
(她与家系列)
ISBN 978-7-5486-1491-3

Ⅰ.①今… Ⅱ.①许… ②李… Ⅲ.①子女—女性心
理学—通俗读物 Ⅳ.①C913.11-49②B844.5-49

中国版本图书馆CIP数据核字(2019)第024322号

责任编辑 胡雅君 许苏宜
封面设计 张志凯

她与家系列

今天如何做女儿

许晓青 李明臻 著

出 版	学林出版社
	(200001 上海福建中路193号)
发 行	上海人民出版社发行中心
	(200001 上海福建中路193号)
印 刷	上海盛通时代印刷有限公司
开 本	890×1240 1/32
印 张	7.25
字 数	10万
版 次	2019年1月第1版
印 次	2021年3月第3次印刷

ISBN 978-7-5486-1491-3/G·564
定 价 48.00元